Николай Павлов
Георгий Зегря

Оптические свойства гетероструктур на основе соединений InAsSb

AF141251

Николай Павлов
Георгий Зегря

Оптические свойства гетероструктур на основе соединений InAsSb

LAP LAMBERT Academic Publishing

Impressum / **Выходные данные**

Bibliografische Information der Deutschen Nationalbibliothek: Die Deutsche Nationalbibliothek verzeichnet diese Publikation in der Deutschen Nationalbibliografie; detaillierte bibliografische Daten sind im Internet über http://dnb.d-nb.de abrufbar.

Alle in diesem Buch genannten Marken und Produktnamen unterliegen warenzeichen-, marken- oder patentrechtlichem Schutz bzw. sind Warenzeichen oder eingetragene Warenzeichen der jeweiligen Inhaber. Die Wiedergabe von Marken, Produktnamen, Gebrauchsnamen, Handelsnamen, Warenbezeichnungen u.s.w. in diesem Werk berechtigt auch ohne besondere Kennzeichnung nicht zu der Annahme, dass solche Namen im Sinne der Warenzeichen- und Markenschutzgesetzgebung als frei zu betrachten wären und daher von jedermann benutzt werden dürften.

Библиографическая информация, изданная Немецкой Национальной Библиотекой. Немецкая Национальная Библиотека включает данную публикацию в Немецкий Книжный Каталог; с подробными библиографическими данными можно ознакомиться в Интернете по адресу http://dnb.d-nb.de.

Любые названия марок и брендов, упомянутые в этой книге, принадлежат торговой марке, бренду или запатентованы и являются брендами соответствующих правообладателей. Использование названий брендов, названий товаров, торговых марок, описаний товаров, общих имён, и т.д. даже без точного упоминания в этой работе не является основанием того, что данные названия можно считать незарегистрированными под каким-либо брендом и не защищены законом о брендах и их можно использовать всем без ограничений.

Coverbild / Изображение на обложке предоставлено: www.ingimage.com

Verlag / Издатель:
LAP LAMBERT Academic Publishing
ist ein Imprint der / является торговой маркой
OmniScriptum GmbH & Co. KG
Heinrich-Böcking-Str. 6-8, 66121 Saarbrücken, Deutschland / Германия
Email / электронная почта: info@lap-publishing.com

Herstellung: siehe letzte Seite /
Напечатано: см. последнюю страницу
ISBN: 978-3-659-62311-0

Введение

Применение гетероструктур на основе твердых растворов $InAsSb$ в оптоэлектронных устройствах среднего ИК-диапазона

Полупроводниковая оптоэлектроника является одной из наиболее быстро развивающихся областей фундаментальных и прикладных исследований. Особое место в данной области занимает разработка оптоэлектронных устройств среднего инфракрасного диапазона (2-5 *мкм*) ввиду широкого многообразия их применений [1]. Тот факт, что в среднем инфракрасном диапазоне лежат полосы поглощения многих токсичных промышленных газов, обусловливает применение полупроводниковых лазеров и фотодетекторов в качестве элементов газоанализаторов и противопожарных систем. Наличие в указанном диапазоне окна прозрачности атмосферы (3-5 *мкм*) является предпосылкой к применению полупроводниковых устройств в телекоммуникационных и локационных системах, в системах охраны периметра и в инфракрасных прицелах. Также в среднем инфракрасном диапазоне находится максимум поглощения излучения тканями тела человека, что открывает обширные перспективы для применения оптоэлектронных устройств данного диапазона в системах медицинской диагностики и устройствах лазерной хирургии.

Одними из наиболее перспективных материалов инфракрасной оптоэлектроники являются гетероструктуры с глубокими квантовыми ямами на основе твердых растворов $InAsSb$ [2,3] в качестве активной области благодаря своим уникальным свойствам. Данные структуры обладают минимальными значениями ширины запрещенной зоны E_g и эффективной массы электронов m_c среди полупроводниковых соединений A_3B_5 [4,5]. У структуры состава $InAs_{0,4}Sb_{0,6}$ ширина запрещенной зоны при комнатной температуре составляет

$0,1\,эВ$, а в структуре $InAs_{0,145}Sb_{0,855}$ значение эффективной массы электрона равно $0,0088\,m_0$, где m_0 - масса свободного электрона.

Данная работа посвящена исследованию оптических свойств гетероструктуры с глубокими квантовыми ямами $AlSb/InAs_{0,84}Sb_{0,16}/AlSb$. В этой гетероструктуре, благодаря большому, по сравнению с E_g , значению разрыва зоны проводимости U_c , происходит подавление процессов оже-рекомбинации, что делает ее одним из наиболее перспективных материалов для разработки полупроводниковых гетеролазеров среднего инфракрасного диапазона [6]. Также, благодаря высоким барьерам, в данной структуре практически отсутствует проникновение волновых функций носителей заряда в барьеры, что приводит к увеличению скорости межзонной излучательной рекомбинации [7]. Еще одним положительным свойством данной структуры является ее согласованность по параметру решетки, что облегчает технологию ее получения.

Малая величина ширины запрещенной зоны активной области является причиной существенной непараболичности энергетического спектра носителей заряда. Этот эффект приводит к значительным поправкам к энергии уровней размерного квантования по сравнению с параболическим законом дисперсии даже для основного состояния в зоне проводимости [8,9]. Для высокоэнергетичных состояний поправки становятся еще более существенными, так как с ростом энергии эффективная масса электрона быстро увеличивается.

Целью настоящей работы является расчет коэффициента поглощения и скорости излучательной рекомбинации для межзонных оптических переходов между различными подзонами размерного квантования с учетом непараболичности энергетического спектра носителей заряда в рамках четырехзонной модели Кейна в гетероструктуре с глубокой квантовой ямой $AlSb/InAs_{0,84}Sb_{0,16}/AlSb$ и сравнение полученных значений с результатами расчетов для объемного полупроводника $InAs_{0,84}Sb_{0,16}$.

Физические свойства полупроводниковых соединений

$InAs_{1-x}Sb_x$ и гетероструктур с глубокими квантовыми ямами

$AlSb/InAs_{0.84}Sb_{0.16}/AlSb$

Соединения $InAs_{1-x}Sb_x$ представляют собой твердые растворы со структурой цинковой обманки с постоянной решетки от 6,05 A для $InAs$ до 6,48 A для $InSb$. Данные полупроводники являются прямозонными со значением ширины запрещенной зоны при комнатной температуре от 0,1 $эВ$ для структуры $InAs_{0.4}Sb_{0.6}$ до 0,354 $эВ$ для $InAs$, что соответствует длинам волн от 3,5 до 12,4 $мкм$. Таким образом, с учетом увеличения эффективной ширины запрещенной зоны за счет размерного квантования, на основе данных соединений можно создавать оптоэлектронные устройства с рабочей длиной волны, соответствующей среднему инфракрасному диапазону. Эффективная масса электрона в данных структурах имеет значение от $0,0088\,m_0$ в структуре $InAs_{0.145}Sb_{0.855}$ до $0,023\,m_0$ в $InAs$. На рис. 1 изображен график зависимости значения ширины запрещенной зоны соединений $InAs_{1-x}Sb_x$ от массовой доли $InSb$.

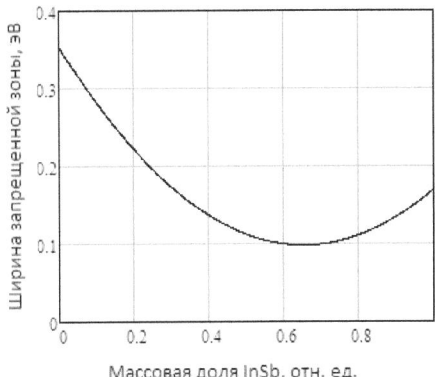

Рис. 1. Зависимость ширины запрещенной зоны соединений $InAs_{1-x}Sb_x$ от массовой доли x $InSb$.

Малое значение ширины запрещенной зоны и эффективной массы электрона у соединений $InAs_{1-x}Sb_x$ приводит к резкому увеличению скорости процессов оже-рекомбинации, так как пороговая энергия CHCC и CHHS оже-процессов равна $\varepsilon_{th}=2\dfrac{m_c}{m_h}E_g$, и при комнатной температуре энергия теплового движения носителей заряда будет превосходить пороговую энергию. Таким образом резко понижается квантовая эффективность процессов рекомбинации в данных структурах, что является фундаментальным препятствием для создания полупроводниковых лазеров на базе соединений $InAs_{1-x}Sb_x$, работающих в непрерывном режиме при комнатной температуре.

Также малое значение ширины запрещенной зоны и эффективной массы электронов приводят к существенной непараболичности энергетического спектра носителей заряда. Даже для значений волновых векторов, соответствующих тепловому движению носителей заряда, поправки к значению их энергии, обусловленные непараболичностью, достигают десяти процентов. Для значений энергии электронов, сопоставимых с шириной запрещенной зоны, эти поправки могут приводить к изменению данной энергии в разы. Таким образом, учет непараболичности энергетического спектра носителей заряда является необходимым условием для точного расчета характеристик соединений $InAs_{1-x}Sb_x$.

Одним из вариантов решения проблемы создания полупроводникового лазера среднего инфракрасного диапазона, работающего в непрерывном режиме при комнатной температуре, является использование глубоких и узких квантовых ям I-типа [2], в которых подавляются беспороговый (вследствие того, что $U_c \gg E_g$) и резонансный (вследствие того, что расстояние между первыми двумя уровнями размерного квантования больше E_g) процессы CHCC оже-рекомбинации. В работе [6] было предложено в качестве подобной структуры использовать квантовые ямы состава $AlSb/InAs_{0.84}Sb_{0.16}/AlSb$, одним из свойств которой является согласованность узкозонного и широкозонного материала по параметру решетки, что облегчает технологию получения данного соединения, а также уменьшает количество дефектов кристаллической структуры, приводящих к рассеянию фотонов и электронов. Гетероструктура $AlSb/InAs_{0.84}Sb_{0.16}/AlSb$ обладает следующими параметрами: ширина запрещенной зоны узкозонного материала $E_g = 0,245\,эВ$, широкозонного материала $E_{g1} = 1,616\,эВ$, константа спин-орбитального расщепления в узкозонном материале $\Delta = 0,41\,эВ$, в широкозонном - $\Delta_1 = 0,676\,эВ$, эффективная масса электрона в узкозонном материале $m_c = 0,018\,m_0$, в широкозонном - $m_{c1} = 0,14\,m_0$, масса тяжелых дырок для узкозонного материала равна $m_h = 0,413\,m_0$, разрыв зоны проводимости $U_c = 1,253\,эВ$, разрыв валентной зоны $U_v = 0,118\,эВ$, статическая диэлектрическая проницаемость $InAs_{0.84}Sb_{0.16}$ $\kappa_0 = 12,3$, высокочастотная - $\kappa_\infty = 15,4$. Все параметры приведены для комнатной температуры $T = 300\,K$. Зонная диаграмма структуры $AlSb/InAs_{0.84}Sb_{0.16}/AlSb$ представлена на рис.2.

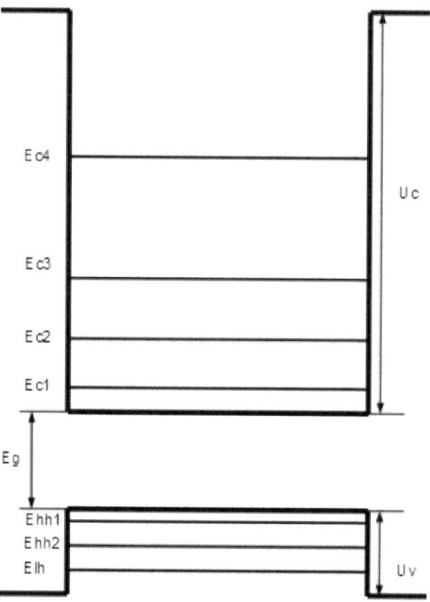

Рис. 2. Зонная диаграмма гетероструктуры с глубокой квантовой ямой $AlSb/InAs_{0.84}Sb_{0.16}/AlSb$. $E_{c1}-E_{c4}$ - уровни размерного квантования электронов, E_{hh1}, E_{hh2} - уровни размерного квантования тяжелых дырок, E_{lh} - уровень размерного квантования легких дырок.

Глава 1

Энергетический спектр и волновые функции носителей заряда в полупроводниковых соединениях $InAs_{1-x}Sb_x$ и в гетероструктуре с глубокими квантовыми ямами $AlSb/InAs_{0.84}Sb_{0.16}/AlSb$

Модель Кейна

Феноменологическое описание зонной структуры полупроводников строится на основе своеобразной модификации теории возмущений, которая получила название *кР*-метода [10]. Рассмотрим уравнение Шредингера для электрона в периодическом поле кристалла $V(\boldsymbol{r})$:

$$H\psi = E\psi, \tag{1.1}$$

где

$$H = \frac{p^2}{2m_0} + V(\boldsymbol{r}) + \frac{\hbar}{4m_0^2c^2}([\sigma \times \nabla V]\boldsymbol{p}). \tag{1.2}$$

Здесь $\boldsymbol{p} = -i\hbar\nabla$ - оператор импульса, σ - матрица Паули. Последний член в (1.2) описывает спин-орбитальное взаимодействие. Согласно теореме Блоха волновая функция имеет следующий вид:

$$\psi = \frac{1}{\sqrt{v}}u(\boldsymbol{r})e^{ikr}, \tag{1.3}$$

где v -нормировочный объем, - $u(\boldsymbol{r})$ блоховская амплитуда. Тогда уравнение для $u(\boldsymbol{r})$ запишется в виде:

$$(H_0 + H')u(\boldsymbol{r}) = \frac{\tilde{E}}{2m_0}u(\boldsymbol{r}), \tag{1.4}$$

где

$$H_0 = \frac{p^2}{2m_0} + V(\boldsymbol{r}) + \frac{\hbar}{4m_0^2c^2}([\sigma \times \nabla V]\boldsymbol{p}), \tag{1.5}$$

$$H' = \frac{\hbar}{m_0}(\boldsymbol{k}\pi), \tag{1.6}$$

$$\pi = \boldsymbol{p} + \frac{\hbar}{4\,m_0\,c^2}[\sigma \times \nabla V] , \tag{1.7}$$

$$\bar{E} = E - \frac{\hbar^2 k^2}{2 m_0} . \tag{1.8}$$

Гамильтониан H_0 описывает состояние в центре зоны Бриллюэна при $\boldsymbol{k} = 0$ (точка Г). Для нахождения спектров носителей гамильтониан H' далее будем рассматривать как возмущение, причем пренебрежем в нем членом, обусловленным спин-орбитальным взаимодействием.

Для решения уравнения (1.4) используется особая форма теории возмущений, предложенная Лёвдиным [11]. Функции нулевого приближения обозначим через $u_{no}(\boldsymbol{r})$. Они удовлетворяют уравнению:

$$H_0 u_{n0} = E_{n0} u_{no} \tag{1.9}$$

и описывают состояния в точке Г , соответствующие энергии обозначены через E_{n0}. Раскладывая искомую функцию u по u_{n0}

$$u = \sum_n c_n u_{no} , \tag{1.10}$$

получим следующее уравнение для коэффициентов разложения:

$$E_{no} c_n + \sum_{n'} H'_{nn'} c_{n'} = \tilde{E} c_{n'} , \tag{1.11}$$

где $H'_{nn'}$ - матричный элемент H' между состояниями u_{no} и $u_{n'0}$. Разобьем все состояния u_{n0} на две группы. К первой отнесем интересующие нас состояния и будем считать, что они имеют близкие или совпадающие энергии. Эти состояния мы назовем «выделенными» и будем для них использовать индекс b. Все остальные состояния будем считать сильно отстоящими по энергии от выделенных состояний и назовем их «далекими зонами». Запишем уравнение (1.11) отдельно для этих двух групп состояний:

$$E_{b0} c_b + \sum_{n'} H'_{bb'} c_{b'} + \sum_n H'_{bn} c_n = \tilde{E} c_b , \tag{1.12}$$

$$E_{n0} c_n + \sum_{n'} H'_{nb'} c_{b'} + \sum_n H'_{nn} c_n = \tilde{E} c_n . \tag{1.13}$$

В разложении (1.10) основную роль играет первая группа состояний, так что c_n гораздо меньше c_b. В первом приближении можно пренебречь последней суммой в (1.12). Тогда видно, что столбец коэффициентов c_b удовлетворяет

уравнению Шредингера $\sum_b{}' \tilde{H}_{bb'} \cdot c_{b'} = E \, c_b$ с матричным гамильтонианом

$\tilde{H}_{bb'} = E_{b0} \delta_{bb'} + H'_{bb'}$.

В следующем приближении выразим c_n из (1.13), пренебрегая в нем последней суммой в левой части:

$$c_n = \frac{1}{\tilde{E} - E_{n0}} \sum_{b'} H'_{nb'} c_{b'} . \tag{1.14}$$

Энергию $\tilde{E}$ в этом выражении можно считать равной энергии E_0 какого-либо из выделенных состояний при $k=0$. (Все равно какого, так как разница между ними мала по сравнению с расстоянием до других зон $E_0 - E_{n0}$). Подставляя (1.14) в (1.12), получим:

$$E_{b0} c_b + \sum_{b'} \left(H'_{bb'} + \sum_n \frac{H'_{bn} H'_{nb'}}{E_0 - E_{n0}} \right) c_{b'} = \tilde{E} \, c_b . \tag{1.15}$$

Отсюда видно, что во втором приближении матричный гамильтониан для столбца коэффициентов c_b имеет вид:

$$\hat{H} = \hat{H}_0 + \hat{H}_1 + \hat{H}_2 , \tag{1.16}$$

где

$(H_0)_{bb'} = E_{b0} \delta_{bb'}$,

$(H_1)_{bb'} = H'_{bb'}$,

$$(H_1)_{bb'} = \sum_n \frac{H'_{bn} H'_{nb'}}{E_0 - E_{n0}} . \tag{1.17}$$

Эту процедуру последовательных приближений можно продолжать и получать все более точные значения для матричного гамильтониана $\hat{H}$. При этом столбец коэффициентов $\{c_b\}$ должен удовлетворять уравнению $\hat{H} \hat{c} = \tilde{E} \hat{c}$ или

$$\sum_{b'} H_{bb'} c_{b'} = \tilde{E} \, c_b . \tag{1.18}$$

Учитывая выражение (1.6) для H', можно заметить, что процедура последовательных приближений соответствует разложению эффективного матричного гамильтониана по степеням волнового вектора k. В частности, выражение (1.17) соответствует учету в эффективном гамильтониане членов линейных и квадратичных по k.

Данный способ можно применить к нахождению энергетического спектра и волновых функций носителей в полупроводниках $A^3 B^5$. При этом ближайшие зоны учитываются точно (то есть, эффективный матричный гамильтониан не разлагается по степеням k). В качестве близких зон выступают валентная зона и зона проводимости. Состояния зоны проводимости интересующих нас полупроводников имеют при $k=0$ сферическую симметрию. Соответствующую блоховскую волновую функцию обозначим через s. Вершина валентной зоны без учета спина при $k=0$ трижды вырождена, и блоховские волновые функции, которые мы обозначим через x, y, z, преобразуются как соответствующие координаты.

Благодаря тетраэдрической симметрии и вещественности функций s, x, y, z отличны от нуля только матричные элементы импульса вида:

$$\langle s|p_x|x\rangle = \langle s|p_y|y\rangle = \langle s|p_z|z\rangle = \frac{iPm_0}{\hbar}.$$
(1.18)

Все они равны друг другу и выражаются через одну вещественную константу P, введенную Кейном [12]. В рамках четырехзонной модели Кейна

$$P = \sqrt{\frac{\hbar^2}{2m_c} \frac{E_g(E_g + 3\delta)}{E_g + 2\delta}} \text{, где } \delta = \frac{\Delta}{3}.$$

Можно провести аналогию модели Кейна с классификацией состояний в центрально-симметричном потенциале. Исходя из этой аналогии, дно зоны проводимости характеризуется орбитальным моментом $L=0$, а вершина валентной зоны моментом $L=1$. При учете спина и спин-орбитального взаимодействия состояния должны характеризоваться значением полного момента $J=L+S$, и, в соответствии с обычными правилами векторного сложения квантовой механики, мы имеем для дна зоны проводимости двукратно вырожденный уровень с $J=\frac{1}{2}$. Вершина валентной зоны

расщепляется на четырехкратно вырожденный уровень с $J=\frac{3}{2}$ (вершина зон тяжелых и легких дырок) и двукратно вырожденный уровень с полным

моментом $J=\frac{1}{2}$ (вершина спин-отщепленной зоны). Отметим, что использованная здесь классификация не связана с каким-либо сферическим приближением для потенциала атома в решетке, а является точной, так как тетраэдрическое поле не расщепляет состояния со значениями момента

$0,\frac{1}{2},1,\frac{3}{2}$.

Волновые функции и энергетический спектр носителей заряда в гетероструктуре с глубокими квантовыми ямами

$$AlSb\,/\,InAs_{0.84}Sb_{0.16}\,/\,AlSb$$

Для нахождения волновых функций и энергетического спектра носителей заряда в рамках модели Кейна удобно использовать базис из описанных выше функций $s\uparrow\downarrow, x\uparrow\downarrow, y\uparrow\downarrow, z\uparrow\downarrow$. Тогда волновая функция носителей ψ может быть представлена в виде:

$$\psi = \Psi_s |s> + \boldsymbol{\Psi}|p> , \tag{1.19}$$

где Ψ_s и $\boldsymbol{\Psi}$ - спиноры, $|s>$ и $|p>$ - блоховские функции s- и p-типа. Вблизи Γ - точки уравнения для огибающих Ψ_s и $\boldsymbol{\Psi}$ в сферическом приближении имеют вид [13,14]:

$$(E_C - E)\Psi_s - iP\nabla\boldsymbol{\Psi} = 0$$

$$(E_V - \delta - E)\boldsymbol{\Psi} - iP\nabla\Psi_s + \frac{\hbar^2}{2m_0}(\gamma_1 + 4\gamma_2)\nabla(\nabla\boldsymbol{\Psi}) -$$

$$- \frac{\hbar^2}{2m_0}(\gamma_1 - 2\gamma_2)\nabla\times[\nabla\times\boldsymbol{\Psi}] + i\delta[\sigma\times\boldsymbol{\Psi}] = 0 . \tag{1.20}$$

Здесь E_C и E_v - энергия краев зоны проводимости и валентной зоны, y_1, y_2 - обобщенные параметры Латтинжера.

В данной работе энергия электронов отсчитывается от дна зоны проводимости, для легких и тяжелых дырок удобнее пользоваться энергией E', отсчитываемой вниз от потолка валентной зоны и связанной с E соотношением $E' = -E_g - E$. Система координат выбрана таким образом, чтобы ось x совпадала с направлением роста кристалла, а ось y совпадала с волновым вектором свободного движения носителей заряда в плоскости квантовой ямы.

Подставляя Ψ_s из первого уравнения во второе, можно систему (1.20) записать в виде:

$$(E_C - E)\Psi_s - iP\nabla\Psi = 0$$

$$\Psi = \frac{iP\nabla\Psi_s}{\left(E_v - \delta - E - \frac{\hbar^2 k^2}{2m_h}\right)} + i\frac{\hbar^2}{2m_0}(\gamma_1 + 4\gamma_2)\frac{(E_c - E)\nabla\Psi_s}{P\left(E_v - \delta - E - \frac{\hbar^2 k^2}{2m_h}\right)} -$$

$$- i\frac{\hbar^2}{2m_h}\frac{(E_c - E)\nabla\Psi_s}{P\left(E_v - \delta - E - \frac{\hbar^2 k^2}{2m_h}\right)} + + i\delta[\sigma\times\Psi] \quad . \tag{1.21}$$

Здесь учтено, что $\nabla\times[\nabla\times\Psi] = \nabla(\nabla\Psi) - \nabla^2\Psi$ и $\nabla^2 = -k^2$. Также мы обозначили $m_h^{-1} = m_0^{-1}(\gamma_1 - 2\gamma_2)$. Величина m_h совпадает с эффективной массой тяжелой дырки.

Таким образом, для того, чтобы найти энергетический спектр и волновые функции носителей заряда в рамках четырехзонной модели Кейна, требуется решить уравнение:

$$\Psi = f_1\nabla\Psi_s + f_2[\sigma\times\Psi] \quad . \tag{1.22}$$

Данная запись является более удобной, чем запись только через компоненты векторной волновой функции Ψ, так как не содержит смешанных производных.

После раскрытия векторного произведения и подстановки матриц Паули, система (1.21) запишется в виде:

$$\Psi_x\uparrow = f_1\nabla_x\Psi_s\uparrow - f_2\Psi_y\uparrow - if_2\Psi_z\downarrow \quad ;$$

12

$$\Psi_x\!\downarrow = f_1 \nabla_x \Psi_s\!\downarrow + f_2 \Psi_y\!\downarrow + i\,f_2 \Psi_z\!\uparrow \quad ;$$

$$\Psi_y\!\uparrow = f_1 \nabla_y \Psi_s\!\uparrow + f_2 \Psi_x\!\uparrow - f_2 \Psi_z\!\downarrow \quad ;$$

$$\Psi_y\!\downarrow = f_1 \nabla_y \Psi_s\!\downarrow - f_2 \Psi_x\!\downarrow - f_2 \Psi_z\!\uparrow \quad ;$$

$$\Psi_z\!\uparrow = f_1 \nabla_z \Psi_s\!\uparrow + i\,f_2 \Psi_x\!\downarrow + f_2 \Psi_y\!\downarrow \quad ;$$

$$\Psi_z\!\downarrow = f_1 \nabla_z \Psi_s\!\downarrow - i\,f_2 \Psi_x\!\uparrow + f_2 \Psi_y\!\uparrow \quad , \tag{1.23}$$

Можно заметить, что система уравнений (1.23) распадается на две независимых подсистемы относительно компонент Ψ. В первое, третье и шестое уравнения входят компоненты $\Psi_x\!\uparrow, \Psi_y\!\uparrow, \Psi_z\!\downarrow$, а во второе, четвертое и пятое уравнения - $\Psi_x\!\downarrow, \Psi_y\!\downarrow, \Psi_z\!\uparrow$.

Система уравнений для $\Psi_x\!\uparrow, \Psi_y\!\uparrow, \Psi_z\!\downarrow$ имеет вид:

$$\Psi_x\!\uparrow = f_1 \nabla_x \Psi_s\!\uparrow - f_2 \Psi_y\!\uparrow - i\,f_2 \Psi_z\!\downarrow \quad ;$$

$$\Psi_y\!\uparrow = f_1 \nabla_y \Psi_s\!\uparrow + f_2 \Psi_x\!\uparrow - f_2 \Psi_z\!\downarrow \quad ;$$

$$\Psi_z\!\downarrow = f_1 \nabla_z \Psi_s\!\downarrow - i\,f_2 \Psi_x\!\uparrow + f_2 \Psi_y\!\uparrow \quad , \tag{1.24}$$

Подставляя $\Psi_z\!\downarrow$ из третьего уравнения в первые два, имеем:

$$(1+f_2^2)\Psi_x\!\uparrow = f_1 \nabla_x \Psi_s\!\uparrow - i\,f_1 f_2 \nabla_z \Psi_s\!\downarrow - f_2(1+i\,f_2)\Psi_y\!\uparrow \quad ;$$

$$\Psi_y\!\uparrow = \frac{f_1}{1+f_2^2} \nabla_y \Psi_s\!\uparrow - \frac{f_1 f_2}{1+f_2^2} \nabla_z \Psi_s\!\downarrow + \frac{f_2}{1-i\,f_2} \Psi_x\!\uparrow \quad . \tag{1.25}$$

Подставляя $\Psi_y\!\uparrow$ из второго уравнения в первое, получаем выражение для $\Psi_x\!\uparrow$ через производные Ψ_s :

$$\left(1 + \frac{2f_2^2}{1-i\,f_2}\right)\Psi_x\!\uparrow = f_1 \nabla_x \Psi_s\!\uparrow - \frac{f_2 f_1}{1-i\,f_2} \nabla_y \Psi_s\!\uparrow - \frac{i\,f_1 f_2}{1-i\,f_2} \nabla_z \Psi_s\!\downarrow \quad . \tag{1.26}$$

Система уравнений для $\Psi_x\!\downarrow, \Psi_y\!\downarrow, \Psi_z\!\uparrow$ имеет вид:

$$\Psi_x\!\downarrow = f_1 \nabla_x \Psi_s\!\downarrow + f_2 \Psi_y\!\downarrow + i\,f_2 \Psi_z\!\uparrow \quad ;$$

$$\Psi_y\!\downarrow = f_1 \nabla_y \Psi_s\!\downarrow - f_2 \Psi_x\!\downarrow - f_2 \Psi_z\!\uparrow \quad ;$$

$$\Psi_z\!\uparrow = f_1 \nabla_z \Psi_s\!\uparrow + i\,f_2 \Psi_x\!\downarrow + f_2 \Psi_y\!\downarrow \quad . \tag{1.27}$$

Подставляя $\Psi_z\!\uparrow$ из третьего уравнения в первые два, получаем:

$$(1+f_2^2)\Psi_x\!\downarrow = f_1 \nabla_x \Psi_s\!\downarrow + i\,f_1 f_2 \nabla_z \Psi_s\!\uparrow + f_2(1+i\,f_2)\Psi_y\!\downarrow \quad ;$$

$$\Psi_y\!\downarrow = \frac{f_1}{1+f_2^2} \nabla_y \Psi_s\!\downarrow - \frac{f_1 f_2}{1+f_2^2} \nabla_z \Psi_s\!\uparrow - \frac{f_2}{1-i\,f_2} \Psi_x\!\downarrow \quad . \tag{1.28}$$

Аналогичным образом получаем выражение для $\Psi_x\downarrow$ через производные Ψ_s :

$$\left(1+\frac{2f_2^2}{1-if_2}\right)\Psi_x\downarrow=f_1\nabla_x\Psi_s\downarrow+\frac{f_2f_1}{1-if_2}\nabla_y\Psi_s\downarrow+\frac{if_1f_2}{1-if_2}\nabla_z\Psi_s\uparrow \quad . \tag{1.29}$$

Так как оси координат были выбраны таким образом, что $k_z=0$, то $\nabla_z\Psi_s=0$, и волновые функции носителей заряда будут определяться, исходя из следующих выражений:

$$\left(1+\frac{2f_2^2}{1-if_2}\right)\Psi_x\uparrow=f_1\nabla_x\Psi_s\uparrow-\frac{f_2f_1}{1-if_2}\nabla_y\Psi_s\uparrow \quad ,$$

$$\left(1+\frac{2f_2^2}{1-if_2}\right)\Psi_x\downarrow=f_1\nabla_x\Psi_s\downarrow+\frac{f_2f_1}{1-if_2}\nabla_y\Psi_s\downarrow \quad . \tag{1.30}$$

При расчете энергетического спектра и волновых функций электронов можно пренебречь в (1.21) слагаемыми, содержащими параметры Латтинжера. Тогда выражения для f_1 и f_2 будут иметь вид:

$$f_1=-\frac{iP}{E+E_g+\delta} \quad ;$$

$$f_2=\frac{i\delta}{E+E_g+\delta} \quad . \tag{1.31}$$

Тогда имеем:

$$1+\frac{2f_2^2}{1-if_2}=1-\frac{2\delta^2}{(E+E_g+\delta)(E+E_g+2\delta)}=\frac{(E+E_g+\delta)(E+E_g+2\delta)-2\delta^2}{(E+E_g+\delta)(E+E_g+2\delta)}=$$

$$=\frac{(E+E_g)(E+E_g+3\delta)}{(E+E_g+\delta)(E+E_g+2\delta)} \quad . \tag{1.32}$$

$$\frac{f_2f_1}{1-if_2}=\frac{P\delta}{(E+E_g+\delta)(E+E_g+2\delta)} \quad . \tag{1.33}$$

Таким образом, первое из соотношений (1.30) принимает вид:

$$\frac{(E+E_g)(E+E_g+3\delta)}{(E+E_g+\delta)(E+E_g+2\delta)}\Psi_x\uparrow=-\frac{iP}{E+E_g+\delta}\nabla_x\Psi_s\uparrow -$$

$$-\frac{P\delta}{(E+E_g+\delta)(E+E_g+2\delta)}\nabla_y\Psi_s\uparrow \quad . \tag{1.34}$$

или, сокращая на $E+E_g+\delta$:

$$\frac{(E+E_g)(E+E_g+3\delta)}{E+E_g+2\delta}\Psi_x\uparrow=-iP\nabla_x\Psi_s\uparrow-\frac{P\delta}{E+E_g+2\delta}\nabla_y\Psi_s\uparrow \ . \tag{1.35}$$

Введем обозначения:

$$Z=\frac{(E+E_g)(E+E_g+3\delta)}{E+E_g+2\delta} \ ; \tag{1.36}$$

$$\lambda_c=\frac{P\delta}{E+E_g+2\delta} \ . \tag{1.37}$$

Тогда получаем выражение для $\Psi_x\uparrow$ в виде:

$$\Psi_x\uparrow=-\frac{iP}{Z}\nabla_x\Psi_s\uparrow-\frac{P\lambda_c}{Z}\nabla_y\Psi_s\uparrow \ . \tag{1.38}$$

Для $\Psi_x\downarrow$ аналогичное выражение будет выглядеть следующим образом:

$$\Psi_x\downarrow=-\frac{iP}{Z}\nabla_x\Psi_s\downarrow+\frac{P\lambda_c}{Z}\nabla_y\Psi_s\downarrow \ . \tag{1.39}$$

Для того, чтобы найти явный вид волновых функций Ψ_s и Ψ , примем:

$$\Psi_s\uparrow=A_1\cos k_c x+A_2\sin k_c x \ , \tag{1.40}$$

где A_1 и A_2 - нормировочные коэффициенты, k_c - квантованная компонента волнового вектора электрона.

Значение функции $\Psi_s\downarrow$ можно найти с помощью соотношений для различных компонент симметризированной волновой функции [13], а именно:

$$\Psi_s\uparrow=\pm\Psi_s\downarrow;\Psi_x\uparrow=\mp\Psi_x\downarrow;\Psi_y\uparrow=\pm\Psi_y\downarrow;\Psi_z\uparrow=\pm\Psi_z\downarrow \ , \tag{1.41}$$

где верхний знак соответствует четной компоненте, а нижний — нечетной.

Таким образом, выражение для $\Psi_s\downarrow$ выглядит следующим образом:

$$\Psi_s\downarrow=A_1\cos k_c x-A_2\sin k_c x \ . \tag{1.42}$$

Подставляя выражения (1.40) и (1.42) для $\Psi_s\uparrow\downarrow$ в (1.38)-(1.39), получаем явные выражения для $\Psi_x\uparrow\downarrow$. Из выражений (1.24), (1.25), (1.27), (1.28) можно получить выражения для оставшихся компонент. В итоге, для волновой функции электронов в квантовой яме получаем:

$$\Psi_{sc}=A_1\cos k_c x\eta+A_2\sin k_c x\xi \ ;$$

$$\Psi_c=i\frac{P}{Z}A_1\begin{pmatrix} k_c\sin k_c x\eta-\lambda_c q\cos k_c x\xi \\ -iq\cos k_c x\eta+i\lambda_c k_c\sin k_c x\xi \\ -\lambda_c k_c\sin k_c x\xi+\lambda_c q\cos k_c x\eta \end{pmatrix} +$$

$$+ \ i\frac{P}{Z}A_2\begin{pmatrix} -k_c\cos k_c\,x\,\xi-\lambda_c\,q\sin k_c\,x\,\eta \\ -i\,\lambda_c\,k_c\cos k_c\,x\,\eta-iq\sin k_c\,x\,\xi \\ -\lambda_c\,q\sin k_c\,x\,\xi-\lambda_c\,k_c\cos k_c\,x\,\eta \end{pmatrix} \ . \tag{1.43}$$

Здесь $\ \xi=\dfrac{1}{\sqrt{2}}\begin{pmatrix}1\\-1\end{pmatrix},\eta=\dfrac{1}{\sqrt{2}}\begin{pmatrix}1\\1\end{pmatrix}\ $, $\ q$ - волновой вектор свободного движения

электрона в плоскости квантовой ямы. Множитель $\ \dfrac{1}{\sqrt{2}}\ $ введен для удобства вычисления матричных элементов между состояниями, описываемыми данными волновыми функциями.

Аналогично можно получить выражения для экспоненциально затухающих волновых функций электронов под барьером:

$$\Psi_{sc}=[\tilde{A}_1\,\eta+\tilde{A}_2\,\xi]e^{-\kappa_c\left(x-\frac{a}{2}\right)}\ ;$$

$$\Psi_c=i\frac{\tilde{P}}{Z}\tilde{A}_1\begin{pmatrix} \kappa_c\,\eta-q\,\tilde{\lambda}_c\,\xi \\ -iq\,\eta+i\,\kappa_c\,\tilde{\lambda}_c\,\xi \\ -\kappa_c\,\tilde{\lambda}_c\,\xi+q\,\tilde{\lambda}_c \end{pmatrix}e^{-\kappa_c\left(x-\frac{a}{2}\right)}\ +$$

$$+ \ i\frac{\tilde{P}}{Z}\tilde{A}_2\begin{pmatrix} -\kappa_c\,\xi-q\,\tilde{\lambda}_c\,\eta \\ -i\,\kappa_c\,\tilde{\lambda}_c\,\eta-iq\,\xi \\ -q\,\tilde{\lambda}_c\,\xi-k_c\,\tilde{\lambda}_c\,\eta \end{pmatrix}e^{-\kappa_c\left(x-\frac{a}{2}\right)}\ . \tag{1.44}$$

Здесь $\ \tilde{A}_1$ и $\tilde{A}_2\ $ - нормировочные коэффициенты, $\ \tilde{P}\ $ - значение кейновского матричного элемента в области барьера, $\ \tilde{\lambda}_c=\dfrac{\tilde{\delta}}{E+U_v+E_g+2\tilde{\delta}}\ $,

$\tilde{Z}=\dfrac{E^2+E\left(2E_g+2U_v+3\tilde{\delta}\right)+\left(E_g+U_v+3\tilde{\delta}\right)\left(E_g+U_v\right)}{E+E_g+U_v+2\tilde{\delta}}\ $, $\ a\ $ - ширина квантовой ямы,

$\kappa_c\ $ - модуль волнового вектора электрона в области барьера.

Для легких дырок уже нельзя пренебрегать в уравнении (1.21) членами, содержащими константы Латтинжера. Тогда для $\ f_1$ и $f_2\ $ получаем:

$$f_1=-\frac{i\hbar^2}{2m}\cdot\frac{E_g+\delta-E}{P\left(E+E_h\right)}\ ;$$

$$f_2=\frac{i\delta}{E+E_h}\ , \tag{1.45}$$

где $\quad E_h = \dfrac{\hbar^2(k_l^2 + q^2)}{2m_h}$, $\qquad m'^{-1} = \dfrac{1}{m_l} - \dfrac{1}{m_h}$, $\qquad m_l^{-1} = \dfrac{2P^2}{\hbar^2(E_{lh} + E_g)} + m_0^{-1}(\gamma_1 + 4\gamma_2)$.

Значение $\quad m_l \quad$ совпадает с эффективной массой легких дырок при равенстве нулю константы спин-орбитального взаимодействия.

Подставляя эти значения в соотношения (1.30), получаем для волновой функции легких дырок внутри квантовой ямы:

$$\Psi_{sl} = [L_1 \cos k_l x\, \eta + L_2 \sin k_l x\, \xi] \; ;$$

$$\Psi_l = i\frac{P}{Z_l} L_1 \begin{pmatrix} k_l \sin k_l x\, \eta - \lambda_l q \cos k_c x\, \xi \\ -iq \cos k_l x\, \eta + i\lambda_l k_l \sin k_l x\, \xi \\ -\lambda_l k_l \sin k_l x\, \xi + \lambda_l q \cos k_l x\, \eta \end{pmatrix} \; + $$

$$ + \; i\frac{P}{Z_l} L_2 \begin{pmatrix} -k_l \cos k_l x\, \xi - \lambda_l q \sin k_l x\, \eta \\ -i\lambda_l k_l \cos k_l x\, \eta - iq \sin k_l x\, \xi \\ -\lambda_l q \sin k_l x\, \xi - \lambda_l k_l \cos k_l x\, \eta \end{pmatrix} \qquad (1.46)$$

Волновая функция легких дырок при $\quad x > \dfrac{a}{2} \quad$:

$$\Psi_l(q,x) = i\frac{\tilde{P}}{\tilde{Z}_l} \tilde{L}_1 \begin{pmatrix} \kappa_l \eta - \tilde{\lambda}_l q\, \xi \\ -iq\, \eta + i\tilde{\lambda}_l \kappa_l \xi \\ -\tilde{\lambda}_l \kappa_l \xi + \tilde{\lambda}_l q\, \eta \end{pmatrix} e^{-\kappa_l\left(x - \frac{a}{2}\right)} \; + $$

$$ + \; i\frac{\tilde{P}}{\tilde{Z}_l} \tilde{L}_2 \begin{pmatrix} \kappa_l \xi - \tilde{\lambda}_l q\, \eta \\ -iq\, \xi + i\tilde{\lambda}_l \kappa_l \eta \\ \tilde{\lambda}_l \kappa_l \eta - \tilde{\lambda}_l q\, \xi \end{pmatrix} e^{-\kappa_l\left(x - \frac{a}{2}\right)} \; ;$$

$$\Psi_{sl} = [\tilde{L}_1 \xi + \tilde{L}_2 \eta] e^{-\kappa_l\left(x - \frac{a}{2}\right)} \qquad (1.47)$$

Здесь $\quad E'_{lh}, k_l \quad$ - энергия и квантованная компонента волнового вектора легких дырок, $\quad \kappa_l \quad$ - модуль волнового вектора легких дырок в области барьера, соответственно, $\quad L_1, L_2, \tilde{L}_1, \tilde{L}_2 \quad$ - нормировочные коэффициенты,

$$Z_l = \frac{P^2\left(\dfrac{\hbar^2 k^2}{2m_h} - E'_{lh}\right)\left(\dfrac{\hbar^2 k^2}{2m_h} - E'_{lh} + 3\delta\right)}{\left(\dfrac{\hbar^2 k^2}{2m_h} - E'_{lh} + 2\delta\right)\left(E'_{lh} + E_g\right)\dfrac{\hbar^2}{2}\left(\dfrac{1}{m_l} - \dfrac{1}{m_h}\right)} \; ,$$

$$\tilde{Z}_l = \frac{\tilde{P}^2\left(\frac{\hbar^2 k^2}{2m_h} - E'_{lh} + U_v\right)\left(\frac{\hbar^2 k^2}{2m_h} - E'_{lh} + 3\tilde{\delta} + U_v\right)}{\left(\frac{\hbar^2 k^2}{2m_h} - E'_{lh} + 2\tilde{\delta} + U_v\right)\left(E'_{lh} + E_{gl} - U_v\right)\frac{\hbar^2}{2}\left(\frac{1}{\tilde{m}_l} - \frac{1}{m_h}\right)} \quad , \qquad \lambda_l = \frac{\delta}{\frac{\hbar^2 k^2}{2m_h} - E'_{lh} + 2\delta} \quad ,$$

$$\tilde{\lambda}_l = \frac{\tilde{\delta}}{\frac{\hbar^2 k^2}{2m_h} - E'_{lh} + 2\tilde{\delta} + U_v} \quad , \qquad \tilde{m}_l^{-1} = \frac{2\tilde{P}^2}{\hbar^2\left(E'_l + E_{gl} - U_v\right)} + m_0^{-1}\left(\tilde{y}_1 + 4\tilde{y}_2\right) \quad , \qquad \tilde{y}_1, \tilde{y}_2 \quad \text{- значения}$$

параметров Латтинжера в широкозонном материале.

Волновые функции тяжелых дырок можно найти исходя из условия равенства нулю компоненты Ψ_s или, что то же самое, из соотношения $\nabla\Psi = 0$. Таким образом, волновая функция тяжелых дырок имеет вид:

$$\Psi_h = H_1\begin{pmatrix} q\cos k_h x\,\xi \\ -ik_h\sin k_h x\,\xi \\ -k_h\sin k_h x\,\xi + q\cos k_h x\,\eta \end{pmatrix} + H_2\begin{pmatrix} q\sin k_h x\,\eta \\ ik_h\cos k_h x\,\eta \\ -q\sin k_h x\,\eta - k_h\cos k_h x\,\xi \end{pmatrix} \quad , \qquad (1.48)$$

В области барьера при $x > \frac{a}{2}$ волновые функции выглядят следующим образом:

$$\Psi_h = \tilde{H}_1\begin{pmatrix} q\,\eta \\ -i\varkappa_h\eta \\ -q\,\xi + \varkappa_h \end{pmatrix} e^{-\varkappa_h\left(x - \frac{a}{2}\right)} + \tilde{H}_2\begin{pmatrix} q\,\xi \\ -i\varkappa_h\xi \\ -\varkappa_h\xi + q\,\eta \end{pmatrix} e^{-\varkappa_h\left(x - \frac{a}{2}\right)} \quad , \qquad (1.49)$$

Здесь $H_1, H_2, \tilde{H}_1, \tilde{H}_2$ - нормировочные коэффициенты, k_h - квантованная компонента волнового вектора тяжелых дырок, $\varkappa_h$ - модуль волнового вектора тяжелых дырок под барьером.

Энергетические спектры носителей заряда можно найти из системы уравнений (1.20), учитывая, что $\nabla = ik$. Пренебрегая членами, содержащими постоянные Латтинжера и приравнивая определитель нулю в получившейся системе уравнений, получаем энергетический спектр электронов:

$$P^2\left(k_c^2 + q^2\right) = \frac{E\left(E + E_g\right)\left(E + E_g + 3\delta\right)}{E_g + E + 2\delta} \quad , \qquad (1.50)$$

Отметим также, что выражение (1.50) можно получить, подставляя волновые функции (1.43) в первое из уравнений системы (1.20).

Для дырок уравнение, определяющее энергетический спектр, имеет более сложный вид:

$$(E-E_g+\frac{\hbar^2 k^2}{2m_h})((E-E_g+\frac{\hbar^2 k^2}{2m_h})^2+(E-E_g+\frac{\hbar^2 k^2}{2m_h})(\frac{\hbar^2 k^2}{2m'}+\delta)+\frac{\hbar^2 k^2}{2m'}\delta-2\delta^2)=0 \quad .(1.51)$$

В итоге, учитывая соотношение $E'=-E_g-E$, получаем для энергетического спектра тяжелых дырок:

$$E'_{hh}=\frac{\hbar^2(k_h^2+q^2)}{2m_h} \quad , \tag{1.52}$$

для легких и спин-отщепленных дырок получаем:

$$E'_{so,lh}=\frac{3\delta}{2}+\frac{\hbar^2(k_l^2+q^2)}{4}(m_l^{-1}+m_h^{-1})\pm\sqrt{2\delta^2+\left(\frac{\delta}{2}-\frac{\hbar^2(k_l^2+q^2)}{4}(m_l^{-1}-m_h^{-1})\right)^2} \quad . \tag{1.53}$$

В (1.53) верхний знак соответствует спин-отщепленным дыркам, нижний - легким. Отметим, что при больших значениях волнового вектора зона легких дырок становится почти плоской, и энергия легких дырок становится равна $E'_{lh}=2\delta$.

Волновые функции и энергетический спектр носителей заряда в модели Кейна в приближении $\delta=\infty$ и $\delta=0$

Формулы (1.50) и (1.53) дают весьма громоздкие и неудобные значения для энергетических спектров электронов и легких дырок, поэтому на практике часто используются более простые выражения, полученные в приближении $\delta=\infty$ или $\delta=0$.

В приближении $\delta=0$ энергетический спектр электронов и легких дырок будет определяться следующим выражением:

$$E_{c,lh}=-\frac{E_g}{2}\pm\sqrt{\frac{E_g^2}{4}+P^2(k_c^2+q^2)} \quad , \tag{1.54}$$

или, что то же самое:

$$P^2 k^2=E(E+E_g) \quad . \tag{1.55}$$

Выражение (1.55) является более удобным при вычислении различных интегралов, содержащих зависимость $E_c(k)$.

В приближении $\delta=\infty$ энергетический спектр электронов и легких дырок будет определяться следующим выражением:

$$E_{c,lh}=-\frac{E_g}{2}\pm\sqrt{\frac{E_g^2}{4}+\frac{2}{3}P^2(k_c^2+q^2)} \quad,\qquad (1.56)$$

или:

$$P^2 k^2=\frac{3}{2}E(E+E_g) \quad.\qquad (1.57)$$

Энергетический спектр тяжелых дырок в обоих случаях остается неизменным.

В приближении $\delta=0$ вид волновых функций носителей заряда в квантовых ямах существенно упрощается.

Волновая функция тяжелых дырок внутри квантовой ямы:

$$\Psi_h=H_{01}\begin{pmatrix} q\cos k_h x \\ -ik_h\sin k_h x \\ 0 \end{pmatrix}+H_{02}\begin{pmatrix} q\sin k_h x \\ ik_h\cos k_h x \\ 0 \end{pmatrix} \quad,\qquad (1.58)$$

в области барьера:

$$\Psi_h=\tilde{H}_{01}\begin{pmatrix} q \\ -i\,\kappa_h \\ 0 \end{pmatrix}e^{-\kappa_h\left(x-\frac{a}{2}\right)}+\tilde{H}_{02}\begin{pmatrix} q \\ -i\,\kappa_h \\ 0 \end{pmatrix}e^{-\kappa_h\left(x-\frac{a}{2}\right)} \quad,\qquad (1.59)$$

Волновая функция электронов внутри квантовой ямы имеет вид:

$$\Psi_{sc}=A_{01}\cos k_c x+A_{02}\sin k_c x \quad;$$

$$\Psi_c=i\frac{P}{E_c+E_g}A_{01}\begin{pmatrix} k_c\sin k_c x \\ -iq\cos k_c x \\ 0 \end{pmatrix}+i\frac{P}{E_c+E_g}A_{02}\begin{pmatrix} -k_c\cos k_c x \\ -iq\sin k_c x \\ 0 \end{pmatrix} \quad.\qquad (1.60)$$

Волновая функция электронов в области барьера:

$$\Psi_{sc}=[\tilde{A}_{01}+\tilde{A}_{02}]e^{-\kappa_c\left(x-\frac{a}{2}\right)} \quad;$$

$$\Psi_c=i\frac{\tilde{P}}{E_c+E_g+U_v}\tilde{A}_{01}\begin{pmatrix} \kappa_c \\ -iq \\ 0 \end{pmatrix}e^{-\kappa_c\left(x-\frac{a}{2}\right)}+i\frac{\tilde{P}}{E_c+E_g+U_v}\tilde{A}_{02}\begin{pmatrix} -\kappa_c \\ -iq \\ 0 \end{pmatrix}e^{-\kappa_c\left(x-\frac{a}{2}\right)} \quad,\qquad (1.61)$$

Волновая функция легких дырок внутри квантовой ямы имеет вид:

$$\Psi_{sc} = L_{01} \cos k_l x + L_{02} \sin k_l x \quad ;$$

$$\Psi_c = i \frac{P}{E'_{lh} + E_g} L_{01} \begin{pmatrix} k_l \sin k_l x \\ -iq \cos k_l x \\ 0 \end{pmatrix} + i \frac{P}{E'_{lh} + E_g} L_{02} \begin{pmatrix} -k_l \cos k_l x \\ -iq \sin k_l x \\ 0 \end{pmatrix} \quad . \qquad (1.62)$$

Волновая функция легких дырок в области барьера:

$$\Psi_{sc} = [\tilde{L}_{01} + \tilde{L}_{02}] e^{-\kappa_l \left(x - \frac{a}{2}\right)} \quad ;$$

$$\Psi_c = i \frac{\tilde{P}}{E'_{lh} + E_g + U_c} \tilde{L}_{01} \begin{pmatrix} \kappa_l \\ -iq \\ 0 \end{pmatrix} e^{-\kappa_l \left(x - \frac{a}{2}\right)} + i \frac{\tilde{P}}{E'_{lh} + E_g + U_c} \tilde{L}_{02} \begin{pmatrix} -\kappa_l \\ -iq \\ 0 \end{pmatrix} e^{-\kappa_l \left(x - \frac{a}{2}\right)} \quad , \qquad (1.63)$$

Здесь $H_{01}, H_{02}, \tilde{H}_{01}, \tilde{H}_{02}, A_{01}, A_{02}, \tilde{A}_{01}, \tilde{A}_{02}, L_{01}, L_{02}, \tilde{L}_{01}, \tilde{L}_{02}$ - нормировочные коэффициенты.

В приближении $\delta = \infty$ также можно пользоваться функциями (1.58)-(1.63), так как возникающий в процессе решения численный коэффициент $\frac{3}{2}$ компенсируется соответствующим уменьшением нормировочных коэффициентов.

Волновые функции и энергетический спектр носителей заряда в рамках параболического приближения

Модель Кейна является одним из наилучших приближений для энергетического спектра и волновых функций носителей заряда в соединениях $A_3 B_5$. Однако часто для расчета характеристик гетероструктур с глубокими квантовыми ямами на основе соединений $A_3 B_5$ используется простая параболическая модель. К данной модели можно перейти, если пренебречь подмешиванием p-состояний валентной зоны к s-состояниям зоны проводимости в выражениях (1.43) и (1.44) для волновых функций электронов и подмешиванием s-состояний зоны проводимости к p-состояниям валентной зоны в выражениях (1.46) и (1.47) для волновых функций легких дырок. Тогда для энергетического спектра электронов получается следующее выражение:

$$E_c = \frac{\hbar^2 (k_c^2 + q^2)}{2m_c} \quad . \tag{1.64}$$

Простая параболическая модель равносильна приближению $\dfrac{Pk_c}{Z} \ll 1$ или, подставляя численные значения параметров, $k_c \ll 3.8 \cdot 10^6 \, см^{-1}$. В гетероструктуре $AlSb / InAs_{0.84}Sb_{0.16} / AlSb$ данное условие выполняется для основного уровня размерного квантования при ширине квантовой ямы $a > 200 A$. Таким образом можно сделать вывод, что в рассматриваемой гетероструктуре параболическое приближение применимо только при большой ширине квантовой ямы.

Волновая функция электронов внутри квантовой ямы в параболическом приближении принимает вид:

$$\Psi_{sc} = A_{1p} \cos k_c x \, \eta + A_{2p} \sin k_c x \, \xi \quad , \tag{1.65}$$

где A_{1p}, A_{2p} - нормировочные коэффициенты.

Выражение для энергетического спектра легких дырок в простой параболической модели можно получить, считая энергию $E_{lh}^{'}$ малой по сравнению с E_g и δ.

$$E_{lh}^{'} = \frac{\hbar^2 (k_l^2 + q^2)}{2m_{lh}} \quad , \tag{1.66}$$

где $m_{lh} = \dfrac{3}{4} \dfrac{E_g \hbar^2}{P^2}$ - эффективная масса легких дырок [15]. В гетероструктуре $AlSb / InAs_{0.84}Sb_{0.16} / AlSb$ $\quad m_{lh} \approx 1.187 \, m_c$.

Выражение для волновой функции легких дырок будет иметь следующий вид:

$$\Psi_l = i \frac{P}{Z_l} L_{1p} \begin{pmatrix} k_l \sin k_l x \, \eta - \lambda_l q \cos k_c x \, \xi \\ -iq \cos k_l x \, \eta + i \lambda_l k_l \sin k_l x \, \xi \\ -\lambda_l k_l \sin k_l x \, \xi + \lambda_l q \cos k_l x \, \eta \end{pmatrix} \; + $$

$$+ \; i \frac{P}{Z_l} L_{2p} \begin{pmatrix} -k_l \cos k_l x \, \xi - \lambda_l q \sin k_l x \, \eta \\ -i \lambda_l k_l \cos k_l x \, \eta - iq \sin k_l x \, \xi \\ -\lambda_l q \sin k_l x \, \xi - \lambda_l k_l \cos k_l x \, \eta \end{pmatrix} \; ; $$

$$\Psi_{sl} = 0 \quad , \tag{1.67}$$

где L_{1p}, L_{2p} - нормировочные коэффициенты.

В приближении $\delta = \infty$ или $\delta = 0$ волновые функции легких дырок в квантовых ямах имеют вид:

$$\Psi_l = i \frac{P}{E'_{lh} + E_g} L_{01p} \begin{pmatrix} k_l \sin k_l x \\ -iq \cos k_l x \\ 0 \end{pmatrix} + i \frac{P}{E'_{lh} + E_g} L_{02p} \begin{pmatrix} -k_l \cos k_l x \\ -iq \sin k_l x \\ 0 \end{pmatrix} \quad ,$$

$$\Psi_{sl} = 0 \quad , \tag{1.68}$$

где L_{01p}, L_{02p} - нормировочные коэффициенты.

Граничные условия на гетерогранице и дисперсионные соотношения для расчета энергетических уровней размерного квантования в гетероструктуре с глубокими квантовыми ямами

$$AlSb / InAs_{0.84} Sb_{0.16} / AlSb$$

Значения энергии уровней размерного квантования носителей заряда могут быть получены путем решения дисперсионных уравнений. Дисперсионные уравнения выводятся из граничных условий, к которым можно придти путем интегрирования уравнений (1.19) через интерфейс с учетом закона сохранения плотности потока вероятности.

Система уравнений для получения граничных условий имеет вид:

$$-i P \int\limits_{\frac{a}{2}-0}^{\frac{a}{2}+0} \nabla \Psi \, dx = 0 \quad ;$$

$$-i P \int\limits_{\frac{a}{2}-0}^{\frac{a}{2}+0} \nabla \Psi_s \, dx + \frac{\hbar^2}{2 m_0} (\gamma_1 + 4 \gamma_2) \int\limits_{\frac{a}{2}-0}^{\frac{a}{2}+0} \nabla (\nabla \Psi) \, dx \ -$$

$$- \int\limits_{\frac{a}{2}-0}^{\frac{a}{2}+0} \frac{\hbar^2}{2 m_0} (\gamma_1 - 2 \gamma_2) \nabla \times [\nabla \times \Psi] \, dx = 0 \quad . \tag{1.69}$$

Выражение для плотности потока вероятности получается из стандартной процедуры квантовой механики [16] и имеет вид:

$$j_e = \frac{P}{\hbar}\left(\Psi_s \bar{\Psi} + \bar{\Psi}_s \Psi\right) \tag{1.70}$$

для электронов и

$$j_h = \frac{P}{\hbar}\left(\Psi_s \bar{\Psi} + \bar{\Psi}_s \Psi\right) + i\hbar\left(\frac{1}{2m_h} - \frac{1}{2m_0}(\gamma_1 + 4\gamma_2)\right)\left(\bar{\Psi}(\nabla\Psi) - \Psi(\nabla\bar{\Psi})\right) \tag{1.71}$$

для дырок. Чертой сверху обозначена операция комплексного сопряжения.

В случае электронов, пренебрегая в (1.69) слагаемыми, содержащими константы Латтинжера, получаем граничные условия для компонент волновой функции:

$$\Psi_s\left(\frac{a}{2}-0\right) = \Psi_s\left(\frac{a}{2}+0\right) \quad,$$

$$\Psi_x\left(\frac{a}{2}-0\right) = \Psi_x\left(\frac{a}{2}+0\right) \quad, \tag{1.72}$$

Граничные условия для компонент волновой функции тяжелых дырок можно получить, подставив в (1.69) выражение $\Psi_s = 0$. В итоге:

$$\Psi_x\left(\frac{a}{2}-0\right) = \Psi_x\left(\frac{a}{2}+0\right) \quad,$$

$$\frac{d\Psi_x}{dx}\left(\frac{a}{2}-0\right) = \frac{d\Psi_x}{dx}\left(\frac{a}{2}+0\right) \quad, \tag{1.73}$$

Для легких дырок граничные условия существенно усложняются. Главное отличие от (1.72) и (1.73) заключается в том, что компонента Ψ_s и производная $\dfrac{d\Psi_x}{dx}$ претерпевают разрыв. Если принять, что масса тяжелых дырок является одинаковой по обе стороны гетерограницы, то граничные условия для легких дырок примут следующий вид:

$$\Psi_x\left(\frac{a}{2}-0\right) = \Psi_x\left(\frac{a}{2}+0\right) \quad,$$

$$\frac{d\Psi_x}{dx}\left(\frac{a}{2}+0\right) - \frac{d\Psi_x}{dx}\left(\frac{a}{2}-0\right) = i\frac{m_h}{\hbar^2}\left(\tilde{P}\Psi_s\left(\frac{a}{2}+0\right) - P\Psi_s\left(\frac{a}{2}-0\right)\right) \quad. \tag{1.74}$$

В некоторых работах [13,14] также пренебрегают различием значения кейновского матричного элемента по обе стороны гетерограницы. Тогда второе из граничных условий (1.74) запишется в виде:

24

$$\frac{d\,\Psi_x}{dx}\Big(\frac{a}{2}+0\Big)-\frac{d\,\Psi_x}{dx}\Big(\frac{a}{2}-0\Big)=i\,\frac{m_h P}{\hbar^2}\Big(\Psi_s\Big(\frac{a}{2}+0\Big)-\Psi_s\Big(\frac{a}{2}-0\Big)\Big)\;.\qquad(1.75)$$

В случае, когда $\dfrac{m_h P}{\hbar^2}\gg(k_l,\kappa_l)$, граничные условия для легких дырок

приобретают тот же вид, что и для электронов. В гетероструктуре

$AlSb/InAs_{0.84}Sb_{0.16}/AlSb$ данное условие выполняется при ширине квантовой

ямы $a>30\,A$.

Подставляя в граничные условия (1.72)-(1.75) волновые функции носителей

заряда, можно получить дисперсионные уравнения. Для тяжелых дырок данные

уравнения будут иметь вид:

$$tg\,\frac{k_h a}{2}=\frac{\kappa_h}{k_h}\qquad(1.76а)$$

для четных состояний,

$$ctg\,\frac{k_h a}{2}=-\frac{\kappa_h}{k_h}\qquad(1.76б)$$

для нечетных состояний.

Дисперсионное уравнение для электронов будет иметь вид:

$$\Big(k_c\,tg\,\frac{k_c a}{2}-\frac{Z\,\tilde{P}}{\tilde{Z}\,P}\kappa_c\Big)\Big(k_c\,ctg\,\frac{k_c a}{2}+\frac{Z\,\tilde{P}}{\tilde{Z}\,P}\kappa_c\Big)=-q^2\Big(\lambda_c-\tilde{\lambda}_c\frac{Z\,\tilde{P}}{\tilde{Z}\,P}\Big)^2\;.\qquad(1.77)$$

При $q\ll k_c$ спектр электронов также расщепляется на четные и нечетные

состояния, определяемые уравнениями:

$$k_c\,tg\,\frac{k_c a}{2}-\frac{Z\,\tilde{P}}{\tilde{Z}\,P}\kappa_c=0\qquad(1.78а)$$

для четных состояний,

$$k_c\,ctg\,\frac{k_c a}{2}+\frac{Z\,\tilde{P}}{\tilde{Z}\,P}\kappa_c=0\qquad(1.78б)$$

для нечетных состояний.

В общем виде, при использовании граничных условий (1.74) и (1.75),

дисперсионные соотношения для легких дырок оказываются весьма

громоздкими. В приближении $\dfrac{m_h P}{\hbar^2}\gg(k_l,\kappa_l)$ дисперсионное уравнение принимает вид:

$$\left(k_l tg\,\frac{k_l a}{2}+\frac{Z_l \tilde{P}}{\tilde{Z}_l P}\varkappa_l\right)\left(k_l ctg\,\frac{k_l a}{2}-\frac{Z_l \tilde{P}}{\tilde{Z}_l P}\varkappa_l\right)=q^2\left(\lambda_l-\tilde{\lambda}_l\frac{Z_l \tilde{P}}{\tilde{Z}_l P}\right)^2 \quad . \tag{1.79}$$

При $q\ll k_l$ спектр легких дырок выглядит следующим образом:

$$k_l tg\,\frac{k_l a}{2}+\frac{Z_l \tilde{P}}{\tilde{Z}_l P}\varkappa_l=0 \tag{1.80а}$$

для нечетных состояний,

$$k_l ctg\,\frac{k_l a}{2}-\frac{Z_l \tilde{P}}{\tilde{Z}_l P}\varkappa_l=0 \tag{1.80б}$$

для четных состояний.

Уровни энергии носителей заряда в гетероструктуре с глубокими квантовыми ямами $AlSb/InAs_{0.84}Sb_{0.16}/AlSb$

В результате решения дисперсионных уравнений (1.76)-(1.80) с учетом выражений для энергетических спектров носителей заряда внутри квантовой ямы и в области барьера, можно получить значения квантованной компоненты волнового вектора и энергии уровней размерного квантования.

На рис. 3-4 представлены зависимости энергии уровней размерного квантования электронов от ширины квантовой ямы для простой параболической модели и в рамках четырехзонной модели Кейна. Видно, что учет непараболичности приводит к значительному увеличению количества уровней размерного квантования. Это связано со значительным утяжелением электронов с ростом энергии. В области значений энергии, близких к U_c, эффективная масса электрона превышает эффективную массу вблизи дна зоны проводимости в несколько раз. Отсюда можно сделать вывод, что для расчета энергии уровней размерного квантования в гетероструктурах с глубокими квантовыми ямами необходимо учитывать подмешивание p-состояний к s-состояниям в выражениях для волновых функций электронов в зоне проводимости и непараболичности энергетического спектра электронов.

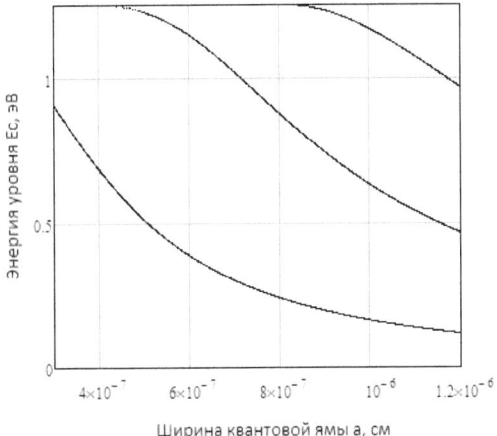

Рис. 3. Зависимость энергии уровней размерного квантования электронов от ширины квантовой ямы в гетероструктуре $AlSb / InAs_{0.84} Sb_{0.16} / AlSb$ для простого параболического приближения

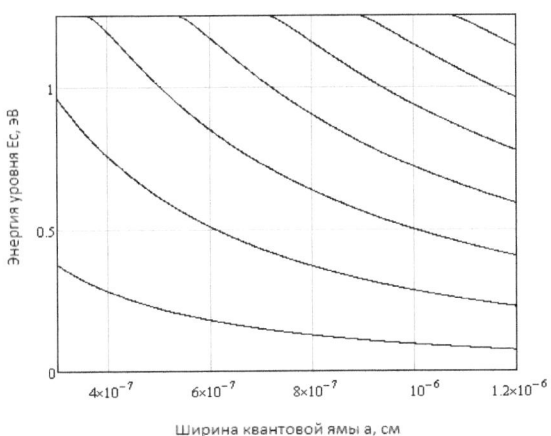

Рис. 4. Зависимость энергии уровней размерного квантования электронов от ширины квантовой ямы в гетероструктуре $AlSb / InAs_{0.84} Sb_{0.16} / AlSb$ в рамках четырехзонной модели Кейна

На рис. 5 изображены результаты расчетов уровней энергии электронов в рамках модели Кейна для конечной величины константы спин-орбитального взаимодействия и в приближении $\delta = \infty$ или $\delta = 0$. Из рисунка видно, что приближение $\delta = 0$ не приводит к существенному изменению значения энергий уровней размерного квантования электронов, а приближение $\delta = \infty$ приводит к уменьшению значений энергии уровней и даже приводит к увеличению их числа при ширине квантовой ямы $a = 50\,A$. Таким образом, приближение $\delta = 0$ оказывается существенно более точным, несмотря на то, что $\Delta_{so} \approx 1.6\,E_g$.

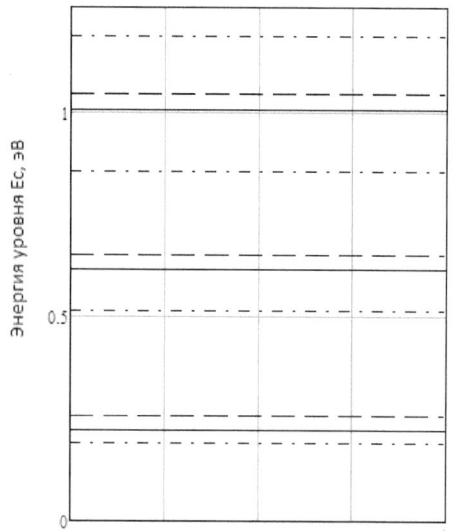

Рис. 5. Значения уровней энергии электронов в гетероструктуре $AlSb\,/\,InAs_{0.84}Sb_{0.16}\,/\,AlSb$ при ширине квантовой ямы $a = 50\,A$ в рамках модели Кейна для конечной величины константы спин-орбитального взаимодействия (сплошная линия), в приближении $\delta = 0$ (прерывистая линия) и $\delta = \infty$ (штрихпунктирная линия)

Таблица 1

Значение энергии и квантованной компоненты волнового вектора для различных уровней размерного квантования в гетероструктуре с глубокой квантовой ямой $AlSb / InAs_{0.84}Sb_{0.16} / AlSb$

$a = 100\,A$

Уровень размерного квантования	Параболическая модель		Модель Кейна	
	Энергия уровня E, $эВ$	Квантованная компонента волнового вектора k, $10^6 см^{-1}$	Энергия уровня E, $эВ$	Квантованная компонента волнового вектора k, $10^6 см^{-1}$
c1	0.163	2.78	0.095	2.456
c2	0.632	5.481	0.284	5,206
c3	1.17	7.458	0.501	8.052
hh1	0.006	2.66	0.006	2.66
hh2	0.026	5.3	0.026	5.3
hh3	0.06	7.88	0.06	7.88
lh1	0.046	1.608	0.020	1.377

$a = 50\,A$

Уровень размерного квантования	Параболическая модель		Модель Кейна	
	Энергия уровня E, $эВ$	Квантованная компонента волнового вектора k, $10^6 см^{-1}$	Энергия уровня E, $эВ$	Квантованная компонента волнового вектора k, $10^6 см^{-1}$
c1	0.509	2.46	0.22	2.164
c2	1.229	3.821	0.612	4.75
c3			1.005	7.25
hh1	0.019	2.305	0.019	2.305
hh2	0.073	4.469	0.073	4.469
lh1	0.084	1.089	0.114	2.24

В табл. 1 приведены значения энергии некоторых уровней размерного квантования и соответствующие значения квантованной компоненты волнового вектора для обоих рассматриваемых приближений для значений ширины квантовой ямы 50 и 100 A. Отметим, что учет непараболичности также приводит к уменьшению энергии уровня размерного квантования легких дырок более чем в два раза для $a=100\,A$, однако для $a=50\,A$ происходит, напротив, даже незначительное увеличение энергии размерного квантования.

Таблица 2

Значения эффективной массы электронов и легких дырок на дне различных подзон размерного квантования в гетероструктуре $AlSb/InAs_{0.84}Sb_{0.16}/AlSb$

Уровень размерного квантования	$a=50\,A$		$a=100\,A$	
	Энергия уровня E, эВ	Отношение эффективной массы электрона (легкой дырки) к эффективной массе электрона на дне зоны проводимости $\dfrac{m_i}{m_{c0}}$	Энергия уровня E, эВ	Отношение эффективной массы электрона (легкой дырки) к эффективной массе электрона на дне зоны проводимости $\dfrac{m_i}{m_{c0}}$
c1	0.22	1.78	0.095	1.341
c2	0.612	3.104	0.284	2
c3	1.01	4.4	0.501	2.728
c4			0.72	3.46
c5			0.938	4.181
c6			1.15	4.784
lh1	0.114	2.267	0.02	1.339

Следует отметить, что выражение (1.50) для энергетического спектра электронов в рамках модели Кейна можно привести к тому же виду, что и выражение (1.64), и тогда эффективная масса электронов будет зависеть от энергии:

$$m_c(E)=\frac{\hbar^2}{2\,P^2}\frac{(E+E_g)(E+E_g+3\delta)}{E+E_g+2\delta} \qquad (1.81)$$

Аналогично можно получить для легких дырок:

$$m_{lh}(k_l, q) = \frac{\hbar^2 (k_l^2 + q^2)}{3\delta + \frac{\hbar^2 (k_l^2 + q^2)}{2}(m_l^{-1} + m_h^{-1}) - 2\sqrt{2\delta^2 + \left(\frac{\delta}{2} - \frac{\hbar^2 (k_l^2 + q^2)}{4}(m_l^{-1} - m_h^{-1})\right)^2}} \quad (1.82)$$

В таблице 2 приведены значения эффективной массы электронов и легких дырок на дне различных подзон размерного квантования в гетероструктуре $AlSb / InAs_{0.84} Sb_{0.16} / AlSb$ при ширине квантовой ямы $a = 100\,A$. Отметим, что в области значений энергии, близких к U_c, эффективная масса электрона превышает эффективную массу вблизи дна зоны проводимости почти в пять раз.

Расчет нормировочных коэффициентов для волновых функций носителей заряда

Выражения для нормировочных коэффициентов можно получить, подставляя волновые функции носителей заряда в условие нормировки:

$$\int \overline{\Psi} \Psi \, d^3 r = 1 \quad . \tag{1.83}$$

Интегрирование по координатам y и z дает нормировочную площадь S. Граничное условие непрерывности s-компоненты волновых функций носителей заряда приводит к следующим соотношениям между нормировочными коэффициентами внутри квантовой ямы и в области барьера:

$$\tilde{A}_1 = A_1 \cos \frac{k_c a}{2} \quad ,$$

$$\tilde{A}_2 = A_2 \sin \frac{k_c a}{2} \quad . \tag{1.84}$$

Аналогичные соотношения имеют место для остальных нормировочных коэффициентов.

Подставляя соотношения (1.84) в условие (1.83) и принимая нормировочную площадь равной единице, получаем для нормировочных коэффициентов в волновых функциях электронов:

$$\frac{1}{A_1^2} = \frac{a}{2} + \frac{\sin k_c a}{2 k_c} + \frac{P^2}{Z^2}(1+2\lambda_c^2)\left((k_c^2+q^2)\frac{a}{2}-(k_c^2-q^2)\frac{\sin k_c a}{2 k_c}\right) \ +$$

$$+ \ \frac{\cos^2 \frac{k_c a}{2}}{\kappa_c}\left(1+\frac{\tilde{P}^2}{\tilde{Z}}(\kappa_c^2+q^2)(1+2\tilde{\lambda}_c^2)\right) \ ;$$

$$\frac{1}{A_2^2} = \frac{a}{2} - \frac{\sin k_c a}{2 k_c} + \frac{P^2}{Z^2}(1+2\lambda_c^2)\left((k_c^2+q^2)\frac{a}{2}+(k_c^2-q^2)\frac{\sin k_c a}{2 k_c}\right) \ +$$

$$+ \ \frac{\sin^2 \frac{k_c a}{2}}{\kappa_c}\left(1+\frac{\tilde{P}^2}{\tilde{Z}}(\kappa_c^2+q^2)(1+2\tilde{\lambda}_c^2)\right) \ . \tag{1.85}$$

Аналогично получаем выражения для остальных нормировочных коэффициентов:

$$\frac{1}{H_1^2} = a(k_h^2+q^2) - \frac{\sin k_h a}{k_h}(k_h^2-q^2) + \frac{2\cos^2 \frac{k_h a}{2}}{\kappa_c}(\kappa_h^2+q^2) \ ;$$

$$\frac{1}{H_2^2} = a(k_h^2+q^2) + \frac{\sin k_h a}{k_h}(k_h^2-q^2) + \frac{2\sin^2 \frac{k_h a}{2}}{\kappa_h}(\kappa_h^2+q^2) \tag{1.86}$$

для тяжелых дырок,

$$\frac{1}{L_1^2} = \frac{a}{2} + \frac{\sin k_l a}{2 k_l} + \frac{P^2}{Z_l^2}(1+2\lambda_l^2)\left((k_l^2+q^2)\frac{a}{2}-(k_l^2-q^2)\frac{\sin k_l a}{2 k_l}\right) \ +$$

$$+ \ \frac{\cos^2 \frac{k_l a}{2}}{\kappa_l}\left(1+\frac{\tilde{P}^2}{\tilde{Z}_l}(\kappa_l^2+q^2)(1+2\tilde{\lambda}_l^2)\right) \ ;$$

$$\frac{1}{L_2^2} = \frac{a}{2} - \frac{\sin k_l a}{2 k_l} + \frac{P^2}{Z_l^2}(1+2\lambda_l^2)\left((k_l^2+q^2)\frac{a}{2}+(k_l^2-q^2)\frac{\sin k_l a}{2 k_l}\right) \ +$$

$$+ \ \frac{\sin^2 \frac{k_l a}{2}}{\kappa_l}\left(1+\frac{\tilde{P}^2}{\tilde{Z}_l}(\kappa_l^2+q^2)(1+2\tilde{\lambda}_l^2)\right) \tag{1.87}$$

для легких дырок.

В рамках параболического приближения нормировочные коэффициенты будут выглядеть следующим образом:

$$\frac{1}{A_{1p}^2}=\frac{a}{2}+\frac{\sin k_c a}{2 k_c}+\frac{\cos^2\dfrac{k_c a}{2}}{\kappa_c}\quad;$$

$$\frac{1}{A_2^2}=\frac{a}{2}-\frac{\sin k_c a}{2 k_c}+\frac{\sin^2\dfrac{k_c a}{2}}{\kappa_c}\qquad\qquad(1.88)$$

для электронов,

$$\frac{1}{L_{1p}^2}=\frac{P^2}{(E_{lh}+E_g)^2}\left((k_l^2+q^2)\frac{a}{2}-(k_l^2-q^2)\frac{\sin k_l a}{2 k_l}\right)+\frac{\cos^2\dfrac{k_l a}{2}}{\kappa_l}\frac{\tilde{P}^2}{(E_{lh}+E_g+U_c)^2}(\kappa_l^2+q^2)\quad;$$

$$\frac{1}{L_{2p}^2}=\frac{P^2}{(E_{lh}+E_g)^2}\left((k_l^2+q^2)\frac{a}{2}+(k_l^2-q^2)\frac{\sin k_l a}{2 k_l}\right)+\frac{\sin^2\dfrac{k_l a}{2}}{\kappa_l}\frac{\tilde{P}^2}{(E_{lh}+E_g+U_c)^2}(\kappa_l^2+q^2)\quad(1.89)$$

для легких дырок.

В приближении $\delta=\infty$ или $\delta=0$ нормировочные коэффициенты будут иметь вид:

$$\frac{1}{A_{01}^2}=\frac{a}{2}+\frac{\sin k_c a}{2 k_c}+\frac{P^2}{(E_c+E_g)^2}\left((k_c^2+q^2)\frac{a}{2}-(k_c^2-q^2)\frac{\sin k_c a}{2 k_c}\right)\ +$$

$$+\ \frac{\cos^2\dfrac{k_c a}{2}}{\kappa_c}\left(1+\frac{\tilde{P}^2}{(E_c+E_g+U_v)^2}(\kappa_c^2+q^2)(1+2\tilde{\lambda}_c^2)\right)\quad;$$

$$\frac{1}{A_{02}^2}=\frac{a}{2}-\frac{\sin k_c a}{2 k_c}+\frac{P^2}{(E_c+E_g)^2}\left((k_c^2+q^2)\frac{a}{2}+(k_c^2-q^2)\frac{\sin k_c a}{2 k_c}\right)\ +$$

$$+\ \frac{\sin^2\dfrac{k_c a}{2}}{\kappa_c}\left(1+\frac{\tilde{P}^2}{(E_c+E_g+U_v)^2}(\kappa_c^2+q^2)\right)\qquad\qquad(1.90)$$

для электронов,

$$\frac{1}{H_{01}^2}=\frac{a}{2}(k_h^2+q^2)-\frac{\sin k_h a}{2k_h}(k_h^2-q^2)+\frac{\cos^2\dfrac{k_h a}{2}}{\kappa_h}(\kappa_h^2+q^2)\quad;$$

$$\frac{1}{H_{02}^2}=\frac{a}{2}(k_h^2+q^2)+\frac{\sin k_h a}{2k_h}(k_h^2-q^2)+\frac{\sin^2\dfrac{k_h a}{2}}{\kappa_h}(\kappa_h^2+q^2)\qquad(1.91)$$

для тяжелых дырок,

$$\frac{1}{L_{01}^2}=\frac{a}{2}+\frac{\sin k_l a}{2k_l}+\frac{P^2}{\left(E_{lh}+E_g\right)^2}\left(\left(k_l^2+q^2\right)\frac{a}{2}-\left(k_l^2-q^2\right)\frac{\sin k_l a}{2k_l}\right)\ +$$

$$+\ \frac{\cos^2\frac{k_l a}{2}}{\kappa_l}\left(1+\frac{\tilde{P}^2}{\left(E_{lh}+E_g+U_c\right)^2}\left(\kappa_l^2+q^2\right)\right)$$

$$\frac{1}{L_{02}^2}=\frac{a}{2}-\frac{\sin k_l a}{2k_l}+\frac{P^2}{\left(E_{lh}+E_g\right)^2}\left(\left(k_l^2+q^2\right)\frac{a}{2}+\left(k_l^2-q^2\right)\frac{\sin k_l a}{2k_l}\right)\ +$$

$$+\ \frac{\sin^2\frac{k_l a}{2}}{\kappa_l}\left(1+\frac{\tilde{P}^2}{\left(E_{lh}+E_g+U_c\right)^2}\left(\kappa_l^2+q^2\right)\right) \tag{1.92}$$

для легких дырок.

Глава 2

Оптические свойства полупроводниковых соединений

$InAs_{1-x}Sb_x$ и гетероструктур с глубокими квантовыми ямами

$$AlSb/InAs_{0.84}Sb_{0.16}/AlSb$$

Излучательная рекомбинация в узкозонных полупроводниках A_3B_5

Скорость излучательной рекомбинации R_{ph} выражается через мнимую часть комплексной диэлектрической проницаемости $\kappa''(\omega,0)$, выражение для которой может быть представлено в следующем виде [17]:

$$\kappa''(\omega,0)=\lim_{q\to 0}\frac{4\pi^2 e^2}{q^2}\int\frac{d^3k}{(2\pi)^3}\|M(\boldsymbol{k},\boldsymbol{q})\|^2[1-f_c(\boldsymbol{k})]\delta[E(\boldsymbol{k}+\boldsymbol{q})-E(\boldsymbol{k})-\hbar\omega]\,,(2.1)$$

где $\boldsymbol{q}$ - волновой вектор фотона, f_c - функция распределения электронов, ω - частота падающего излучения, а матричный элемент $M(\boldsymbol{k},\boldsymbol{q})$ имеет вид:

$$M(\boldsymbol{k},\boldsymbol{q})=\sum_j\int d\boldsymbol{r}\,\overline{\psi}_j(\boldsymbol{k}+\boldsymbol{q},\boldsymbol{r})e^{i\boldsymbol{q}\boldsymbol{r}}\psi_c(\boldsymbol{k},\boldsymbol{r})\quad,\tag{2.2}$$

где индекс j пробегает значения l и h, соответствующие подзонам легких и тяжелых дырок.

В рамках четырехзонной модели Кейна квадрат модуля матричного элемента может быть представлен в виде:

$$\|M(\boldsymbol{k},\boldsymbol{q})\|^2=Sp(\Lambda^{(h)}(\boldsymbol{k}+\boldsymbol{q})\Lambda^{(c)}(\boldsymbol{k}))+Sp(\Lambda^{(l)}(\boldsymbol{k}+\boldsymbol{q})\Lambda^{(c)}(\boldsymbol{k}))\,,\tag{2.3}$$

где $\Lambda^{(c)}(\boldsymbol{k})$ - оператор проектирования на электронные состояния, $\Lambda^{(l)}(\boldsymbol{k})$ и $\Lambda^{(h)}(\boldsymbol{k})$ - операторы проектирования на состояния легких и тяжелых дырок, соответственно. Согласно [17], имеем:

$$\Lambda^{(c)}(\boldsymbol{k})=\frac{2\hat{H}(\boldsymbol{k})[\hat{H}(\boldsymbol{k})-E_l(\boldsymbol{k})+E_g][\hat{H}(\boldsymbol{k})-E_{so}(\boldsymbol{k})+E_g]}{Sp\,\hat{H}(\boldsymbol{k})[\hat{H}(\boldsymbol{k})-E_l(\boldsymbol{k})+E_g][\hat{H}(\boldsymbol{k})-E_{so}(\boldsymbol{k})+E_g]}$$

$$\Lambda^{(l)}(\boldsymbol{k}) = \frac{2\,\hat{H}(\boldsymbol{k})[\hat{H}(\boldsymbol{k}) - E_c(k) + E_g][\hat{H}(\boldsymbol{k}) - E_{so}(k) + E_g]}{Sp\,\hat{H}(\boldsymbol{k})[\hat{H}(\boldsymbol{k}) - E_c(k) + E_g][\hat{H}(\boldsymbol{k}) - E_{so}(k) + E_g]}$$

$$\Lambda^{(h)}(\boldsymbol{k}) = \frac{2[\hat{H}(\boldsymbol{k}) - E_c(k) + E_g][\hat{H}(\boldsymbol{k}) - E_l(k) + E_g][\hat{H}(\boldsymbol{k}) - E_{so}(k) + E_g]}{Sp[\hat{H}(\boldsymbol{k}) - E_c(k) + E_g][\hat{H}(\boldsymbol{k}) - E_l(k) + E_g][\hat{H}(\boldsymbol{k}) - E_{so}(k) + E_g]} \qquad (2.4)$$

Гамильтониан $\hat{H}(\boldsymbol{k})$ представляет собой матрицу $8{\times}8$ [10,15].

Подставляя (2.3) и (2.4) в (2.1), получаем:

$$\kappa''(\omega,0) = \lim_{q \to 0} \frac{4\pi^2 e^2}{q^2} \int \frac{d^3k}{(2\pi)^3} \{\ [1 - f_c(\boldsymbol{k})]\ \times$$

$$\times\ \left(B^{hc}(\boldsymbol{k}+\boldsymbol{q},\boldsymbol{k}) \delta[E_c(\boldsymbol{k}+\boldsymbol{q}) - E_{hh}(\boldsymbol{k}) - \hbar\omega] + B^{lc}(\boldsymbol{k}+\boldsymbol{q},\boldsymbol{k}) \delta[E_c(\boldsymbol{k}+\boldsymbol{q}) - E_{lh}(\boldsymbol{k}) - \hbar\omega] \right)\ \} (2.5)$$

где $B^{(hc)}(\boldsymbol{k}+\boldsymbol{q},\boldsymbol{k}) = Sp(\Lambda^{(h)}(\boldsymbol{k}+\boldsymbol{q})\Lambda^{(c)}(\boldsymbol{k}))$ и $B^{(lc)}(\boldsymbol{k}+\boldsymbol{q},\boldsymbol{k}) = Sp(\Lambda^{(l)}(\boldsymbol{k}+\boldsymbol{q})\Lambda^{(l)}(\boldsymbol{k}))$ -

величины, определяемые квадратами интегралов перекрытия носителей заряда.

В приближении $\delta = \infty$ выражения для $B^{(hc)}$ и $B^{(lc)}$ выглядят следующим образом:

$$B^{(hc)}(\boldsymbol{k}+\boldsymbol{q},\boldsymbol{k}) = \frac{P^2 q^2 \sin^2\theta}{(E_c + E_g)E_g\sqrt{1 + \dfrac{8P^2 k^2}{3E_g^2}}} \quad ;$$

$$B^{(lc)}(\boldsymbol{k}+\boldsymbol{q},\boldsymbol{k}) = \frac{P^2 q^2 \left(4\cos^2\theta + \sin^2\theta\left(1 + \dfrac{8P^2 k^2}{3E_g^2}\right)\right)}{3E_g^2\left(1 + \dfrac{8P^2 k^2}{3E_g^2}\right)^2} \quad . \qquad (2.6)$$

Подставляя в (2.5) получаем выражение для мнимой части диэлектрической проницаемости с учетом непараболичности энергетических спектров носителей заряда:

$$\kappa''(\omega,0) = \frac{e^2\sqrt{2m_c}}{\hbar\sqrt{E_g}}\left(\sqrt{\frac{\hbar\omega - E_g}{\hbar\omega}} + \frac{1}{12}\frac{\sqrt{\hbar^2\omega^2 - E_g^2}}{\hbar\omega}\left(1 + \frac{2E_g^2}{\hbar^2\omega^2}\right)\right). \qquad (2.7)$$

Здесь мы считали, что $f_c \ll 1$.

Мнимая часть диэлектрической проницаемости связана с коэффициентом поглощения следующим выражением:

$$\kappa''(\omega,0) = \frac{c\sqrt{\kappa_0}}{\omega}\alpha(\omega), \qquad (2.8)$$

Тогда для $\alpha(\omega)$ получаем:

$$\alpha(\omega) = \sqrt{\frac{2\,m_c}{E_g\,\kappa_\infty}}\,\frac{e^2}{\hbar^2 c}\left(\sqrt{\hbar\omega\,(\hbar\omega - E_g)} + \frac{1}{12}\sqrt{(\hbar^2\omega^2 - E_g^2)}\left(1 + \frac{2\,E_g^2}{\hbar^2\omega^2}\right)\right). \tag{2.9}$$

В рамках простой параболической модели выражения для $\kappa''(\omega,0)$ и $\alpha(\omega)$ будут выглядеть следующим образом:

$$\kappa''(\omega,0) = \frac{\sqrt{m_c}\,e^2\sqrt{\hbar\omega - E_g}}{\hbar}\left(\frac{\sqrt{2}\,E_g}{\hbar^2\omega^2 + E_g\,\hbar\omega - E_g^2} + \frac{1}{6}\frac{\hbar\omega + 2\,E_g}{(2\hbar\omega - E_g)^2}\right), \tag{2.10}$$

$$\alpha(\omega) = \frac{e^2}{\hbar^2 c}\sqrt{\frac{m_c}{\kappa_\infty}}\,\hbar\omega\sqrt{\hbar\omega - E_g}\left(\frac{\sqrt{2}\,E_g}{\hbar^2\omega^2 + E_g\,\hbar\omega - E_g^2} + \frac{1}{6}\frac{\hbar\omega + 2\,E_g}{(2\hbar\omega - E_g)^2}\right). \tag{2.11}$$

Если в (2.6) положить $kP \ll E_g$, то выражения для $B^{(hc)}$ и $B^{(lc)}$ примут вид:

$$B^{(hc)}(\boldsymbol{k}+\boldsymbol{q},\boldsymbol{k}) = \frac{P^2 q^2 \sin^2\theta}{E_g^2} \;;$$

$$B^{(lc)}(\boldsymbol{k}+\boldsymbol{q},\boldsymbol{k}) = \frac{P^2 q^2 \left(\dfrac{4}{3} - \sin^2\theta\right)}{E_g^2}. \tag{2.12}$$

Для мнимой части диэлектрической проницаемости и коэффициента поглощения получаем:

$$\kappa''(\omega,0) = \left(1 + \frac{1}{2\sqrt{2}}\right)\frac{e^2\sqrt{2\,m_c}}{\hbar E_g}\sqrt{\hbar\omega - E_g}, \tag{2.13}$$

$$\alpha(\omega) = \left(1 + \frac{1}{2\sqrt{2}}\right)\frac{e^2}{\hbar^2 c\,E_g}\sqrt{\frac{2\,m_c}{\kappa_\infty}}\,\hbar\omega\sqrt{\hbar\omega - E_g}. \tag{2.14}$$

На рис. 6 изображена зависимость $\alpha(\omega)$ в рамках модели Кейна, простого параболического приближения и приближения $kP \ll E_g$. Отметим, что пренебрежение непараболичностью энергетического спектра приводит к уменьшению значения коэффициента поглощения за счет уменьшения значения выражения $\dfrac{dk}{dE}$, тогда как приближение $kP \ll E_g$ приводит, напротив, к увеличению значения коэффициента поглощения за счет существенного увеличения величин $B^{(hc)}$ и $B^{(lc)}$, которое даже перекрывает уменьшение величины $\dfrac{dk}{dE}$.

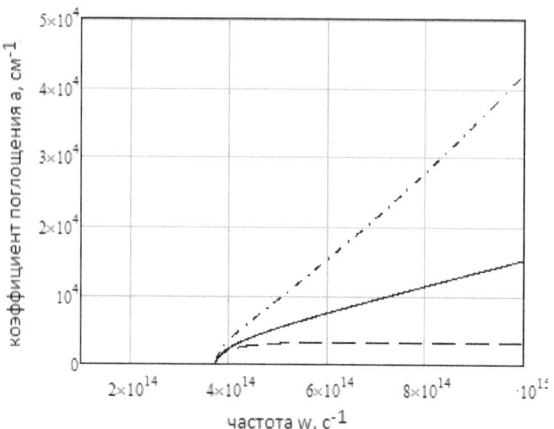

Рис. 6. Зависимость коэффициента поглощения от частоты падающего излучения в соединении $InAs_{0,84}Sb_{0,16}$ в рамках модели Кейна (сплошная линия), в рамках простого параболического приближения (прерывистая линия) и в приближении $kP \ll E_g$ (штрихпунктирная линия)

Скорость излучательной рекомбинации выражается через коэффициент поглощения следующим образом [14]:

$$R_{ph} = \frac{\kappa_\infty}{\pi^2 c^2} \int_{\frac{E_g}{\hbar}}^{\infty} \frac{\alpha(\omega)\omega^2 d\omega}{\exp\left(\frac{\hbar\omega - \Delta F}{k_B T}\right) - 1} , \qquad (2.15)$$

где ΔF - разность положений квазиуровней Ферми электронов и дырок.

Так как $m_h \gg m_l$ и плотность состояний в подзоне тяжелых дырок намного превосходит плотность состояний в подзоне легких дырок, то участием последних в процессе излучательной рекомбинации можно пренебречь. Тогда выражение (2.15) в рамках модели Кейна запишется в виде:

$$R_{ph} = \frac{e^2 \sqrt{2 m_c \kappa_\infty}}{\pi^2 \hbar^5 c^3 \sqrt{E_g}} \frac{p}{N_v} \int_0^{\infty} \sqrt{E_c} (E_c + E_g)^{\frac{5}{2}} f_c(E_c) d E_c , \qquad (2.16)$$

где мы считали энергию тяжелых дырок $E_{hh} = -E_g$, тогда функция

распределения тяжелых дырок оказывается равна $f_h = \frac{p}{N_v}$, где p -

38

концентрация дырок, а $N_v = 2\left(\dfrac{m_h k_B T}{2\pi\hbar^2}\right)^{\frac{3}{2}}$ - эффективная плотность состояний в валентной зоне. Для невырожденных электронов, считая, что $E_c \ll E_g$, получаем:

$$R_{ph} \approx \frac{e^2\sqrt{2m_c\kappa_\infty}}{\pi^2\hbar^5 c^3\sqrt{E_g}}\frac{p}{N_v}\int_0^\infty \frac{n}{N_c}E_g^{\frac{5}{2}}\sqrt{E_c}\,e^{-\frac{E_c}{k_B T}}dE_c =$$

$$= \frac{e^2 E_g^2(k_B T)^{\frac{3}{2}}\sqrt{m_c\kappa_\infty}}{\sqrt{2}\,\pi^{\frac{3}{2}}\hbar^5 c^3}\frac{np}{N_c N_v} = \frac{\pi^{\frac{3}{2}}\sqrt{2\kappa_\infty}\,e^2 E_g^2\hbar}{c^3 m_c m_h^{\frac{3}{2}}(k_B T)^{\frac{3}{2}}}np \qquad (2.17)$$

Выражение для времени излучательной рекомбинации τ_{ph} запишется в виде:

$$\tau_{ph} = \frac{n}{R_{ph}} = \frac{c^3 m_c m_h^{\frac{3}{2}}(k_B T)^{\frac{3}{2}}}{\pi^{\frac{3}{2}}\sqrt{2\kappa_\infty}\,e^2 E_g^2\hbar\,p} \qquad . \qquad (2.18)$$

При $T = 300\,K$ и $n = p = 10^{18}\,см^{-3}$ получаем для соединения $InAs_{0,84}Sb_{0,16}$ значение $\tau_{ph} = 2.6\cdot10^{-8}c$.

В случае сильного вырождения можно считать, что $f_c(E_c) = 1$ при $E_c < E_F$ и $f_c(E_c) = 0$ в остальном интервале энергий. В таком случае имеем:

$$R_{ph} = \frac{e^2\sqrt{2m_c\kappa_\infty}}{\pi^2\hbar^5 c^3\sqrt{E_g}}\frac{p}{N_v}\int_0^{E_F}\sqrt{E_c}(E_c+E_g)^{\frac{5}{2}}dE_c =$$

$$= \frac{e^2\sqrt{2m_c\kappa_\infty}}{\pi^2\hbar^5 c^3\sqrt{E_g}}\frac{p}{N_v}\sqrt{\frac{2}{3}}\int_0^{k_F}k_c P(E_c(k_c)+E_g)^2\frac{dE_c}{dk_c}dk_c =$$

$$= \frac{e^2\sqrt{2m_c\kappa_\infty}}{\pi^2\hbar^5 c^3\sqrt{E_g}}\frac{p}{N_v}\left(\frac{2}{3}\right)^{\frac{3}{2}}\int_0^{k_F}k_c^2 P^3\left(E_g+\sqrt{\frac{E_g^2}{4}+\frac{2}{3}k_c^2 P^2}+\frac{E_g^2}{4\sqrt{\frac{E_g^2}{4}+\frac{2}{3}k_c^2 P^2}}\right)dk_c =$$

$$= \frac{e^2\sqrt{2m_c\kappa_\infty}}{\pi^2\hbar^5 c^3\sqrt{E_g}}\frac{p}{N_v}\left(\frac{2\sqrt{2}}{9\sqrt{3}}k_F^3 P^3 E_g+\frac{4}{9}k_F P R^3+\frac{1}{16}k_F P R E_g^2-\frac{1}{32}E_g^4\ln\left(\frac{16\sqrt{2}(k_F P+R)^3}{3\sqrt{3}E_g^3}\right)\right) ,(2.19)$$

где $R = \sqrt{k_F^2 P^2+\frac{3}{8}E_g^2}$.

Для приближения $kP \ll E_g$ выражение (2.15) примет вид:

$$R_{ph} = \frac{e^2 \sqrt{2\, m_c \kappa_\infty}}{\pi^2 \hbar^5 c^3 E_g} \frac{p}{N_\nu} \int\limits_0^\infty \sqrt{E_c}(E_c + E_g)^3 f_c(E_c)\, dE_c\,, \tag{2.20}$$

Для скорости излучательной рекомбинации невырожденных электронов также получается выражение (2.17). Для случая сильного вырождения имеем:

$$R_{ph} = \frac{e^2 \sqrt{2\, m_c \kappa_\infty}}{\pi^2 \hbar^5 c^3 E_g} \frac{p}{N_\nu} \int\limits_0^{E_F} \sqrt{E_c}(E_c + E_g)^3\, dE_c =$$

$$= \frac{e^2 \sqrt{m_c \kappa_\infty}}{\pi^2 \hbar^5 c^3 E_g} \frac{p}{N_\nu} \left(\frac{1}{72} \frac{\hbar^9 k_F^9}{m_c^{\frac{9}{2}}} + \frac{3}{28} \frac{\hbar^7 k_F^7 E_g}{m_c^{\frac{7}{2}}} + \frac{3}{10} \frac{\hbar^5 k_F^5 E_g^2}{m_c^{\frac{5}{2}}} + \frac{1}{3} \frac{\hbar^3 k_F^3 E_g^3}{m_c^{\frac{3}{2}}} \right) \tag{2.21}$$

Учитывая соотношение $k_F = \left(3\pi^2 n\right)^{\frac{1}{3}}$ [18], можно построить зависимость $\tau_{ph}(n)$ для обоих приближений.

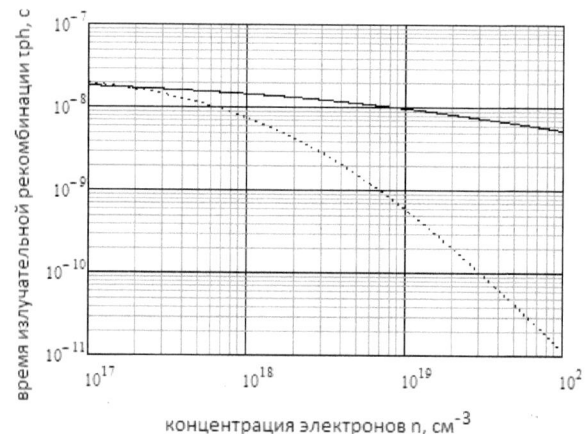

Рис. 7. Зависимость времени излучательной рекомбинации от концентрации электронов в зоне проводимости в полупроводниковых соединениях $InAs_{0,84}Sb_{0,16}$ для случая сильного вырождения в рамках модели Кейна (сплошная линия) и в приближении $kP \ll E_g$ (пунктирная линия)

На рис. 7 изображены графики зависимостей временной постоянной излучательной рекомбинации для обоих рассматриваемых приближений. Видно, что приближение $kP \ll E_g$ дает результаты, отличающиеся на порядок от результатов точного расчета в модели Кейна. Это происходит из-за того, что интеграл перекрытия $B^{(hc)}$ для в приближении $kP \ll E_g$ существенно превосходит аналогичную величину в модели Кейна, но, в отличие от расчета коэффициента поглощения, здесь этот эффект не компенсируется ростом плотности состояний. Также влияет тот факт, что из-за утяжеления электронов энергия Ферми в модели Кейна оказывается существенно меньшей, чем в параболической модели, из-за чего уменьшается число высокоэнергетичных электронов, для которых время излучательной рекомбинации имеет существенно меньшую величину, чем для электронов вблизи дна зоны проводимости. Таким образом можно сделать вывод о неприменимости приближения $kP \ll E_g$ при расчете скорости излучательной рекомбинации сильно вырожденных электронов в полупроводниковых соединениях $InAs_{0,84}Sb_{0,16}$.

В таблице 3 представлены значения τ_{ph} в рамках модели Кейна для некоторых концентраций электронов.

Таблица 3

Значения времени излучательной рекомбинации τ_{ph} для различных концентраций электронов в рамках модели Кейна

Концентрация электронов $n, см^{-3}$	Время излучательной рекомбинации $\tau_{ph}, с$
10^{18}	$1.4 \cdot 10^{-8}$
$3 \cdot 10^{18}$	$1.2 \cdot 10^{-8}$
$5 \cdot 10^{18}$	$1.1 \cdot 10^{-8}$
10^{19}	$9.6 \cdot 10^{-9}$
$3 \cdot 10^{19}$	$7.3 \cdot 10^{-9}$

Расчет зависимости коэффициента поглощения от частоты оптического перехода в гетероструктурах с глубокими квантовыми ямами $AlSb/InAs_{0.84}Sb_{0.16}/AlSb$

Значения коэффициента поглощения $\alpha_{ij}(\omega)$ для различных межзонных оптических переходов в глубокой квантовой яме можно найти из следующего выражения [10]:

$$\alpha(\omega) = \sum_{i,j} \frac{4\pi}{\sqrt{\kappa_0}} \frac{e^2}{\hbar c} \frac{1}{a\hbar\omega} \int q\,dq |P_{ij}|^2 \delta\left(E_i(q) - E_j(q) - \hbar\omega\right) \quad , \qquad (2.22)$$

где индекс i относится к различным подзонам в зоне проводимости, а индекс j - валентной зоны. Здесь κ_0 - статическая диэлектрическая проницаемость, ω - частота, $|P_{ij}|^2 = 2|P_{ij}^x|^2 + |P_{ij}^{\parallel}|^2$, а величина

$$\boldsymbol{P}_{ij} = i\,P\,S \int \left(\Psi_{si}\Psi_j + \Psi_{sj}\Psi_i\right) dx \qquad (2.23)$$

пропорциональна дипольному матричному элементу. Следует отметить, что при подстановке в (2.22) E_j' вместо E_j, аргументом дельта-функции будет являться выражение $E_i(q) + E_g + E_j'(q) - \hbar\omega$.

Выражение для квадрата дипольного матричного элемента $|P_{ij}|^2$ можно получить, используя найденные в главе 1 волновые функции носителей заряда.

В (2.23) можно ограничиться интегрированием по области $|x| < \dfrac{a}{2}$, так как $U_c \gg E_c$ и проникновение волновых функций носителей под барьер мало. В итоге, выражения для величины $|P_{ij}|^2$ имеют следующий вид:

$$|P_{c1\,hh1}|^2 = 2\,P^2 A_1^2 H_2^2 k_{h1}^2 MI_{c1hh1}^2 \quad ;$$

$$|P_{c2\,hh1}|^2 = 3\,P^2 A_2^2 H_2^2 q^2 MII_{c2hh1}^2 \quad ;$$

$$|P_{c3\,hh1}|^2 = 2\,P^2 A_1^2 H_2^2 k_{h1}^2 MI_{c3hh1}^2 \quad ;$$

$$|P_{c1\,hh2}|^2 = 3\,P^2 A_1^2 H_1^2 q^2 MI_{c1hh2}^2 \quad ;$$

$$|P_{c2\,hh2}|^2 = 2\,P^2 A_2^2 H_1^2 k_{h2}^2 MII_{c2hh2}^2 \quad ;$$

$$|P_{c1lh1}|^2 \approx 2\, P^4 A_1^2 L_2^2 k_{l1}^2 MI_{c1lh1}^2 \frac{1+\lambda_l^2}{Z_l^2} \quad ;$$

$$|P_{c2lh1}|^2 \approx P^4 A_2^2 L_2^2 q^2 MII_{c2lh1}^2 \frac{1+3\lambda_l^2}{Z_l^2} \quad , \qquad\qquad (2.24)$$

где $\quad MI_{ij} = \dfrac{\sin(k_i + k_j)\dfrac{a}{2}}{k_i + k_j} + \dfrac{\sin(k_i - k_j)\dfrac{a}{2}}{k_i - k_j}$, $\quad MII_{ij} = \dfrac{\sin(k_i + k_j)\dfrac{a}{2}}{k_i + k_j} - \dfrac{\sin(k_i - k_j)\dfrac{a}{2}}{k_i - k_j}$.

В приближении $\delta = 0$ величина $|P_{ij}|^2$ будет иметь следующий вид:

$$|P_{c1hh1}|^2 = P^2 A_1^2 H_2^2 k_{h1}^2 MI_{c1hh1}^2 \quad ;$$

$$|P_{c2hh1}|^2 = 2\, P^2 A_2^2 H_2^2 q^2 MII_{c2hh1}^2$$
$$\qquad\qquad ;$$

$$|P_{c3hh1}|^2 = P^2 A_1^2 H_2^2 k_{h1}^2 MI_{c3hh1}^2$$
$$\qquad\qquad ;$$

$$|P_{c1hh2}|^2 = 2\, P^2 A_1^2 H_1^2 q^2 MI_{c1hh2}^2 \quad ;$$

$$|P_{c2hh2}|^2 = P^2 A_2^2 H_1^2 k_{h2}^2 MII_{c2hh2}^2$$
$$\qquad\qquad ;$$

$$|P_{c1lh1}|^2 \approx 2\, P^4 A_1^2 L_2^2 k_{l1}^2 MII_{c2lh1}^2 \frac{1}{(E_{lh} + E_g)^2} \quad ;$$

$$|P_{c2lh1}|^2 \approx P^4 A_2^2 L_2^2 q^2 MII_{c1lh1}^2 \frac{1}{(E_{lh} + E_g)^2} \quad . \qquad\qquad (2.25)$$

В (2.24) и (2.25) мы пренебрегли слагаемыми, возникающими при учете члена $\Psi_{sj}\bar{\Psi}_i$ в (2.23). Для параболического приближения выражения для $|P_{ij}|^2$ будут выглядеть аналогично.

Значения величин MI^2 и MII^2 в рамках простой параболической модели, в рамках четырехзонной модели Кейна и в рамках модели Кейна в приближении $\delta = 0$ представлены в таблице 4.

Таблица 4

Значение величин MI^2 и MII^2 для различных оптических переходов в гетероструктуре $AlSb / InAs_{0.84}Sb_{0.16} / AlSb$ при $a = 100\,A$

Переход	Параболическое приближение		Четырехзонная модель Кейна		Модель Кейна в приближении $\delta = 0$	
	$MI^2_{ij}, см^2$	$MII^2_{ij}, см^2$	$MI^2_{ij}, см^2$	$MII^2_{ij}, см^2$	$MI^2_{ij}, см^2$	$MII^2_{ij}, см^2$
c1-hh1	$3.3 \cdot 10^{-13}$		$3.6 \cdot 10^{-13}$		$3.6 \cdot 10^{-13}$	
c2-hh1		$2.01 \cdot 10^{-13}$		$2.1 \cdot 10^{-13}$		$2.1 \cdot 10^{-13}$
c3-hh1	$2.3 \cdot 10^{-15}$		$2.7 \cdot 10^{-17}$		$4.4 \cdot 10^{-17}$	
c1-hh2		$7.8 \cdot 10^{-14}$		$6.8 \cdot 10^{-14}$		$6.9 \cdot 10^{-14}$
c2-hh2	$3.2 \cdot 10^{-13}$		$3.3 \cdot 10^{-13}$		$3.3 \cdot 10^{-13}$	
c1-lh1	$7 \cdot 10^{-13}$	$8.2 \cdot 10^{-14}$	$5.2 \cdot 10^{-13}$	$5.3 \cdot 10^{-14}$	$5.2 \cdot 10^{-13}$	$4.6 \cdot 10^{-14}$
c2-lh1	$8.7 \cdot 10^{-14}$	$3.4 \cdot 10^{-14}$	$7.2 \cdot 10^{-14}$	$4.9 \cdot 10^{-14}$	$6 \cdot 10^{-14}$	$4.6 \cdot 10^{-14}$

Видно, что для переходов *c1-hh1*, *c2-hh1* и *c2-hh2* учет непараболичности энергетического спектра носителей заряда приводит к незначительному увеличению, а для переходов *c1-hh2* и *c1-lh1* — к незначительному уменьшению значений величин MI^2 и MII^2. Для перехода *c3-hh1* происходит уменьшение величины MI^2 на два порядка вследствие того, что в рамках модели Кейна оба слагаемых в MI^2 практически одинаковы по модулю, но имеют разные знаки, для перехода *c2-lh1* происходит незначительное уменьшение величины MI^2 и незначительное увеличение величины MII^2. Также для всех рассматриваемых переходов практически совпадают значения величин MI^2 и MII^2, вычисленных в рамках четырехзонной модели Кейна и в приближении $\delta = 0$. Таким образом, можно сделать вывод о том, что учет непараболичности и спин-орбитального взаимодействия лишь незначительно влияет на величину дипольного матричного элемента.

Интеграл в выражении (2.22) можно легко вычислить, используя свойства дельта-функции. Для переходов с участием тяжелых дырок можно положить

$m_h \gg m_c$. Тогда для коэффициента поглощения получается следующее выражение:

$$\alpha(\omega)_{ij} = \frac{2\pi}{\sqrt{\kappa_0}} \frac{e^2}{\hbar c} \frac{1}{a\hbar\omega} |P_{ij}|^2_{E_i = \hbar\omega - E_g - E_j} \left(\frac{dq^2(E_i)}{dE_i}\right)_{E_i = \hbar\omega - E_g - E_j} ,$$ (2.26)

Для переходов с участием легких дырок вместо множителя $\dfrac{dq^2(E_i)}{dE_i}$ будет

стоять выражение $\dfrac{1}{\dfrac{dE_c}{d(q^2)} + \dfrac{dE_l^{'}}{d(q^2)}}$. Тогда выражение для коэффициента

поглощения примет вид:

$$\alpha(\omega)_{il1} = \frac{2\pi}{\sqrt{\kappa_0}} \frac{e^2}{\hbar c} \frac{1}{a\hbar\omega} |P_{ij}|^2_{E_i = \hbar\omega - E_g - E_{li}} \left(\frac{1}{\dfrac{dE_c}{d(q^2)} + \dfrac{dE_l^{'}}{d(q^2)}}\right)_{E_i = \hbar\omega - E_g - E_{li}} .$$ (2.27)

Так как значения эффективных масс электронов и легких дырок близки, то

можно считать, что $\dfrac{dE_c}{dq^2} \approx \dfrac{dE_l^{'}}{dq^2}$. Тогда:

$$\alpha(\omega)_{il1} = \frac{\pi}{\sqrt{\kappa_0}} \frac{e^2}{\hbar c} \frac{1}{a\hbar\omega} |P_{ij}|^2_{E_i = \hbar\omega - E_g - E_{li}} \left(\frac{dq^2(E_i)}{dE_i}\right)_{E_i = \hbar\omega - E_g - E_{li}} ,$$ (2.28)

Где производная $\dfrac{dq^2(E_i)}{dE_i}$ в рамках параболического приближения равна:

$$\frac{dq^2(E_i)}{dE_i} = \frac{2m_c}{\hbar^2} ,$$ (2.29а)

в рамках четырехзонной модели Кейна:

$$\frac{dq^2(E_i)}{dE_i} = \frac{1}{P^2}\left(2E_i + E_g + \delta - \frac{2\delta^2(E_g + 2\delta)}{(E_i + E_g + 2\delta)^2}\right) ,$$ (2.29б)

в рамках приближения $\delta = 0$:

$$\frac{dq^2(E_i)}{dE_i} = \frac{1}{P^2}(2E_i + E_g) ,$$ (2.29в)

Величина $\dfrac{dq^2(E_i)}{dE_i}$ с точностью до постоянного множителя представляет

собой двумерную плотность состояний в зоне проводимости. Вследствие значительного увеличения эффективной массы электронов с ростом энергии наблюдается существенный рост значений функции плотности состояний в зоне проводимости и, следовательно, рост коэффициента поглощения. Для высоковозбужденных состояний коэффициент поглощения, вычисленный с учетом непараболичности энергетического спектра, превышает коэффициент поглощения, вычисленный в рамках параболического приближения, почти на порядок.

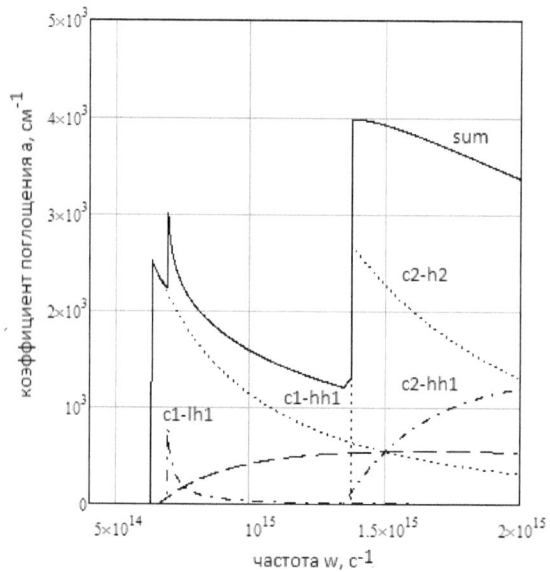

Рис. 8а. Зависимость коэффициента поглощения от частоты оптического перехода в гетероструктуре $AlSb / InAs_{0.84}Sb_{0.16} / AlSb$ при ширине квантовой ямы $a = 100\,A$, рассчитанная в рамках простого параболического приближения. Подписаны переходы, вносящие наибольший вклад в суммарный коэффициент поглощения.

46

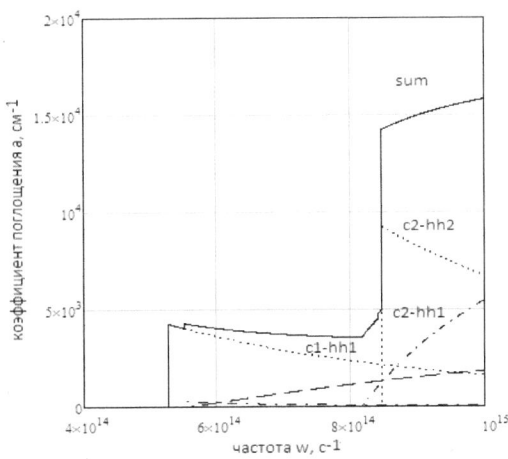

Рис. 8б. Зависимость коэффициента поглощения от частоты оптического перехода в гетероструктуре $AlSb / InAs_{0.84} Sb_{0.16} / AlSb$ при ширине квантовой ямы $a = 100\,A$, рассчитанная в рамках четырехзонной модели Кейна

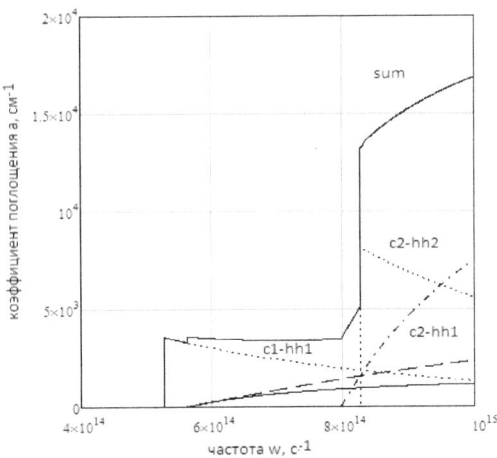

Рис. 8в. Зависимость коэффициента поглощения от частоты оптического перехода в гетероструктуре $AlSb / InAs_{0.84} Sb_{0.16} / AlSb$ при ширине квантовой ямы $a = 100\,A$, рассчитанная в рамках модели Кейна в приближении $\delta = 0$

На рис. 8а-в представлены графики зависимостей коэффициента поглощения от частоты оптического перехода. Видно, что в рамках параболического приближения происходит сильное уменьшение коэффициента поглощения за счет существенно меньшего значения функции плотности состояний. Также учет непараболичности в рамках модели Кейна понижает относительную роль переходов с участием легких дырок в суммарном коэффициенте поглощения. Учет спин-орбитального взаимодействия не приводит к заметному изменению суммарного коэффициента поглощения, однако имеет место незначительное повышение роли переходов с совпадающей четностью начального и конечного состояний, по сравнению с переходами с различной четностью.

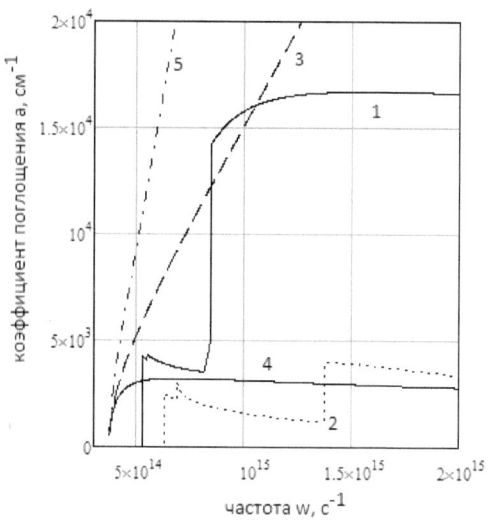

Рис. 9. Зависимость суммарного коэффициента поглощения от частоты оптического перехода в гетероструктуре $AlSb/InAs_{0.84}Sb_{0.16}/AlSb$ при ширине квантовой ямы $a = 100\,A$, рассчитанная в рамках четырехзонной модели Кейна (кривая 1) и в рамках параболического приближения (кривая 2). Также на рисунке приведены для сравнения зависимости для коэффициента поглощения

в трехмерном $InAs_{0.84}Sb_{0.16}$ в рамках модели Кейна (кривая 3), простой параболической модели (кривая 4) и в приближении $k\,P \ll E_g$ (кривая 5)

На рис. 9 представлены на одном графике зависимости суммарного коэффициента поглощения в рамках модели Кейна и в параболическом приближении. Также для сравнения приведены результаты расчетов для трехмерного случая. Следует отметить, что коэффициенты поглощения в двумерном и трехмерном случае примерно равны друг другу и только вблизи частот, соответствующих переходу между уровнями размерного квантования, наблюдается увеличение коэффициента поглощения в квантовых ямах по сравнению с трехмерным случаем.

Скорость излучательной рекомбинации в гетероструктурах с глубокими квантовыми ямами $AlSb/InAs_{0.84}Sb_{0.16}/AlSb$

Скорость излучательной рекомбинации R_{ph} в квантовых ямах вычисляется согласно выражению [14]:

$$R_{ph} = \frac{4\kappa_\infty}{\pi\sqrt{\kappa_0}}\frac{e^2}{\hbar c}\frac{1}{\hbar^3 c^2}\sum_{i,j}\int q\,dq|P_{ij}|^2 f_i(q) f_j(q)(E_i(q)+E_j'(q)+E_g)\ ,\qquad(2.30)$$

где f_j - функция распределения дырок в j-ой подзоне размерного квантования. Здесь мы сразу учли, что $E' = -E_g - E$.

В случае невырожденных носителей интеграл в выражении (2.30) можно упростить, если считать, что характерное значение q равно волновому вектору теплового движения электронов $q_T = \frac{\sqrt{2\,k_B T m_c}}{\hbar}$. Тогда множители $|P_{ij}(q_T)|^2$ и $E_i(q_T)+E_j'(q_T)+E_g$ можно вынести за знак интеграла, а интеграл

$$\int q\,dq\, f_c(q) f_h(q) = \pi\frac{n_i\, p\exp\left(\dfrac{-\varepsilon_j}{k_B T}\right)}{N_j}\ ,\quad \text{где}\quad N_j = \frac{m_j k_B T}{\pi\hbar^2} \text{ - эффективная двумерная}$$

плотность состояний в j-й подзоне, n, p - двумерные концентрации электронов и дырок, ε_j - расстояние между j-м уровнем размерного квантования и основным уровнем тяжелых дырок. В итоге, для скорости излучательной рекомбинации получается следующее выражение:

$$R_{phij} = \frac{4\kappa_\infty}{\sqrt{\kappa_0}} \frac{e^2}{\hbar c} \frac{1}{\hbar^3 c^2} |P_{ij}(q_T)|^2 (E_i(q_T) + E_j'(q_T) + E_g) \frac{n_i\, p \exp(\frac{-\varepsilon_j}{k_B T})}{N_j} \quad . \qquad (2.31)$$

В случае, когда электроны вырождены, в формулу (2.31) вместо q_T нужно подставить q_F (где q_F - волновой вектор, соответствующий энергии Ферми).

Для невырожденных носителей время излучательной рекомбинации для каждого отдельного перехода равно:

$$\tau_{phij} = \frac{n_i}{R_{ij}} = \frac{\sqrt{\kappa_0}}{4\pi\kappa_\infty} \frac{\hbar c}{e^2} \frac{\hbar c^2 m_j k_B T \exp(\frac{\varepsilon_j}{k_B T})}{p |P_{ij}(q_T)|^2 (E_i(q_T) + E_j'(q_T) + E_g)} \qquad (2.32)$$

В таблице 5 представлены результаты расчетов времени излучательной рекомбинации при температуре $T = 300\,K$ и концентрации дырок $p = 10^{-12}\, см^{-2}$ для невырожденных электронов и для случая сильного вырождения ($n = 5\cdot10^{12}\, см^{-2}$). Следует отметить интересный факт, что для перехода *c1-hh1* в модели с учетом непараболичности и для перехода *c1-lh1* в обеих моделях наблюдается даже некоторое увеличение времени жизни для вырожденных электронов. Это связано с тем, что квадрат интеграла перекрытия $|P_{ij}|^2$ для данных переходов зависит от q только через нормировочные коэффициенты, а $\frac{H_1(q_F)}{H_1(q_T)} \approx 0.7$.

Таблица 5

Время излучательной рекомбинации τ_{phij}, c для различных оптических переходов в гетероструктуре $AlSb/InAs_{0.84}Sb_{0.16}/AlSb$ при $a=100\,A$, $T=300\,K$ и $p=10^{12}\,см^{-2}$ для случая невырожденных электронов и для случая сильного вырождения $n=5\cdot10^{12}\,см^{-2}$

	Простая параболическая модель		Четырехзонная модель Кейна		Модель Кейна в приближении $\delta=0$	
Переход	Случай невырожденных электронов	Случай сильного вырождения	Случай невырожденных электронов	Случай сильного вырождения	Случай невырожденных электронов	Случай сильного вырождения
c1-hh1	$8.1\cdot10^{-9}$	$7.1\cdot10^{-9}$	$1.2\cdot10^{-8}$	$1.5\cdot10^{-8}$	$1.5\cdot10^{-8}$	$1.7\cdot10^{-8}$
c2-hh1	$2.5\cdot10^{-8}$		$2.2\cdot10^{-8}$		$1.9\cdot10^{-8}$	
c3-hh1	$4.3\cdot10^{-7}$		$9.6\cdot10^{-5}$		$8\cdot10^{-5}$	
c1-hh2	$4.5\cdot10^{-7}$	$2.7\cdot10^{-8}$	$2.9\cdot10^{-7}$	$7.6\cdot10^{-8}$	$2\cdot10^{-7}$	$5.2\cdot10^{-8}$
c2-hh2	$3.6\cdot10^{-9}$		$1.1\cdot10^{-8}$		$1.2\cdot10^{-8}$	
c1-lh1	$1.02\cdot10^{-7}$	$1.8\cdot10^{-7}$	$1.1\cdot10^{-7}$	$2\cdot10^{-7}$	$1.3\cdot10^{-7}$	$2\cdot10^{-7}$
c2-lh1	$5.8\cdot10^{-7}$		$4.6\cdot10^{-7}$		$5\cdot10^{-7}$	

В модели с учетом непараболичности уменьшение коэффициента H_1 для перехода *c1-hh1* компенсируется увеличением расстояния между уровнями $E_i(q_F)-E_j(q_F)$, поэтому время излучательной рекомбинации в для обоих случаев получается практически равным. Для перехода *c1-hh2* существенное уменьшение времени излучательной рекомбинации в обеих моделях связано с тем, что $|P_{ij}|^2 \propto q^2$, а $(\frac{q_F}{q_T})^2 \approx 10$. Для случая невырожденных электронов учет непараболичности приводит к увеличению времени излучательной рекомбинации для переходов с совпадающей четностью начального и конечного состояний и к уменьшению – если четности начального и конечного состояния различны. Отметим, что в обеих моделях минимальное время излучательной рекомбинации имеет переход *c2-hh2*.

Учет спин-орбитального взаимодействия не приводит к существенному изменению времени излучательной рекомбинации. Стоит отметить тот факт, что в приближении $\delta = 0$ скорость запрещенного перехода $c2\text{-}hh1$ практически сравнивается со скоростью перехода $c1\text{-}hh1$.

Если сравнить полученное значение для времени излучательной рекомбинации для глубокой квантовой ямы со значением данной величины для трехмерной структуры с соответствующей концентрацией носителей заряда ($n = 10^{18}\,см^{-3}$ для случая невырожденных электронов и $n = 5 \cdot 10^{18}\,см^{-3}$ для случая сильного вырождения), то можно сделать вывод, что в квантовых ямах наблюдается увеличение скорости излучательной рекомбинации примерно в два раза для случая невырожденных электронов, в случае же сильного вырождения скорости излучательной рекомбинации в обоих случаях близки друг к другу.

Заключение

В данной работе были рассчитаны значения оптических характеристик полупроводникового соединения $InAs_{0.84}Sb_{0.16}$ и гетероструктуры с глубокой квантовой ямой состава $AlSb/InAs_{0.84}Sb_{0.16}/AlSb$ и произведен анализ влияния на данные характеристики эффектов спин-орбитального расщепления и непараболичности энергетического спектра носителей заряда. Для этой цели были получены точные выражения для волновых функций и энергетического спектра носителей заряда в рамках четырехзонной модели Кейна. Также была описана последовательная процедура перехода к параболическому приближению, что позволило оценить поправки к оптическому матричному элементу и коэффициенту поглощения, вносимые непараболичностью энергетического спектра электронов.

Были получены графики зависимостей энергии уровней размерного квантования носителей заряда и соответствующих значений квантованных компонент волновых векторов в зоне проводимости и в валентной зоне от ширины квантовой ямы. Показано, что учет непараболичности энергетического спектра носителей заряда приводит к уменьшению энергии уровней размерного квантования вследствие значительного утяжеления электрона с ростом энергии. Также это приводит к увеличению количества уровней размерного квантования в зоне проводимости. При ширине квантовой ямы $a=100\,A$ количество энергетических уровней без учета непараболичности равно трем, а с учетом непараболичности в рамках модели Кейна - шести. Таким образом, учет непараболичности играет весьма существенную роль при расчете значений энергии уровней размерного квантования. Также показано, что учет спин-орбитального взаимодействия оказывает незначительное влияние на значение энергии уровней размерного квантования, причем приближение $\delta=0$ оказывается более точным, чем приближение $\delta=\infty$.

Рассчитаны значения матричных элементов для межзонных оптических переходов между различными подзонами размерного квантования и зависимости соответствующих этим переходам коэффициентов поглощения от частоты. Показано, что учет непараболичности энергетического спектра электронов приводит к увеличению коэффициента поглощения в несколько раз, за счет увеличения значений функции плотности состояний. Значение суммарного коэффициента поглощения для глубокой квантовой ямы оказывается близким к значению коэффициента поглощения в трехмерной структуре как в модели Кейна, так и в параболическом приближении. Увеличение коэффициента поглощения для квантовых ям наблюдается лишь при частотах, соответствующих переходам между уровнями размерного квантования.

Также рассчитана скорость излучательной рекомбинации для различных межзонных оптических переходов для случая невырожденных электронов и для случая сильного вырождения. Показано, что учет непараболичности приводит к увеличению времени переходов между уровнями одной четности, и к уменьшению - для переходов между уровнями различной четности. И в трехмерном, и в двумерном случаях время излучательной рекомбинации в параболическом приближении оказывается существенно меньшим, чем в рамках модели Кейна. Отсюда можно сделать вывод, что при расчете скорости излучательной рекомбинации в узкозонных полупроводниках нельзя пренебрегать непараболичностью энергетического спектра электронов. Суммарная скорость излучательной рекомбинации в квантовых ямах оказывается примерно в два раза выше, чем в трехмерной структуре, для невырожденных электронов, в случае сильного вырождения скорости излучательной рекомбинации имеют примерно равные значения.

Работа выполнена при частичной поддержке гранта Президента Российской Федерации № НШ-5062.2014.2.

Литература

1. Г. Г. Зегря, Соросовский образовательный журнал, **7**, 70 (2001).

2. G. G. Zegrya, *Mid-Infrared Strained Diode Lasers*. In: *Antimonide-Related Strained-Layer Heterostructures*, ed. by M. O. Manasreh, (Gordon and Breach Science Publishers, Amsterdam, 1997) p. 273.

3. M. P. Mikhailova, L. V. Danilov, K. V. Kalinina, E. V. Ivanov, N. D. Stoyanov, G. G. Zegrya, Y. P. Yakovlev, A. Hospodkova, J. Pangrac, M. Zikova, and E. Hulicius, *Superlinear Luminescence and Enhancement of Optical Power in GaSb-based Heterostructures with High Conduction-Band Offsets and Nanostructures with Deep Quantum Wells*, in *The Wonder of Nanotechnology: Quantum Optoelectronic Devices and Applications*, ed. By M. Razeghi. L. Esaki, and K. von Klitzing, (SPIE Press, Bellingham, WA, 2013) p. 105.

4. I. Vurgaftman, J. R. Meyer, L. R. Ram-Mohan J. Appl. Phys. **89**, 5815 (2001).

5. S. A. Cripps et al. Appl. Phys. Lett., **90**, 1721 (2007).

6. Л.В. Данилов, Г.Г. Зегря, ФТП, **42**, 573 (2007).

7. L.V. Asryan, N.A. Gun.ko, A.S. Polkovnikov, G.G. Zegrya, R.A. Suris, P.-K. Lau, T. Makino. Semicond. Sci. Technol., **15**, 1132 (2000).

8. Н.В. Павлов, Г.Г. Зегря, ФТП, **48**, 1217 (2014).

9. Н.В. Павлов, Г.Г. Зегря, ПЖТФ, **40**, 1 (2014).

10. В.Н. Абакумов, В.И. Перель, И.Н. Яссиевич, *Безызлучательная рекомбинация в полупроводниках* (СПб, Издательство ПИЯФ, 1997), с 309.

11. P. Löwdin, J. Phys., **19**. 1396 (1951).

12. E.G. Kane, J. Phys. Chem. Solids, **1**, 82 (1956).

13. Г.Г. Зегря, А.С. Полковников, ЖЭТФ, **113**, 1491 (1998).

14. Л.Е. Воробьев, С.Н. Данилов, Г.Г. Зегря и др. *Фотоэлектрические явления в полупроводниках и размерно-квантованных структурах* (СПб., Наука, 2001).

15. Б.Л. Гельмонт, Г.Г. Зегря, *Основы зонной теории полупроводников,*

(Ленинград, Издательство ФТИ, 1989).

16. Л.Д. Ландау, Е.М. Лифшиц, *Квантовая механика. Нерелятивистская теория*, (Москва, Наука, 1989).

17. Б.Л. Гельмонт, Г.Г. Зегря, ФТП, **25**, 2019 (1991).

18. Г.Г. Зегря, В.И. Перель, *Основы физики полупроводников*, (Москва, Физматлит, 2009).

Содержание

Printed by Books on Demand GmbH, Norderstedt / Germany